JCAD2.0
首饰辅助设计入门与提高

王继青 编著

JCAD2.0 SHOUSHI FUZHU SHEJI
RUMEN YU TIGAO

中国地质大学出版社
ZHONGGUO DIZHI DAXUE CHUBANSHE

图书在版编目(CIP)数据

JCAD2.0首饰辅助设计入门与提高/王继青编著．—武汉：中国地质大学出版社，2015.7
(2017.12重印)

ISBN 978－7－5625－3673－4

Ⅰ.①J…
Ⅱ.①王…
Ⅲ.①首饰-计算机辅助设计-应用软件
Ⅳ.①TS934.3－39

中国版本图书馆 CIP 数据核字(2015)第 167738 号

JCAD2.0 首饰辅助设计入门与提高			王继青　编著
责任编辑：王　敏　张　琰	选题策划：张　琰		责任校对：张咏梅
出版发行：中国地质大学出版社(武汉市洪山区鲁磨路 388 号)			邮政编码：430074
电　　话：(027)67883511	传　真：67883580		E－mail：cbb @ cug.edu.cn
经　　销：全国新华书店			http://www.cugp.cug.edu.cn
开本：787 毫米×1 092 毫米 1/16		字数：240 千字	印张：9.25
版次：2015 年 7 月第 1 版		印次：2017 年 12 月第 2 次印刷
印刷：武汉中远印务有限公司		印数：1 501—2 500 册
ISBN 978－7－5625－3673－4			定价：45.00 元

如有印装质量问题请与印刷厂联系调换

前　言

　　电脑首饰设计的发展从 20 世纪末开始兴起,随着电脑技术日新月异的发展,首饰设计也从传统的手工设计到今天借助计算机辅助首饰设计成为主流。笔者接触电脑首饰设计是从 2001 年开始的。在上海老凤祥首饰有限公司 27 年的首饰产品设计生涯中,首饰设计一直追求手绘的功底,所有的产品图纸都要经过手绘,产品的档案都需保存手绘图纸,设计比赛图稿都是用手绘的方法来表现各种首饰的效果。

　　2001 年,上海市劳动与社会保障局实训中心采购了日本产的精工牌 3D 激光树脂首饰成型设备,并配备了 JCAD3/Takumi Pro.1.0 专业设计软件,由日本 MEIKO Co.,Ltd 公司开发研究完成此套软件,2004 年升级为 JCAD3/Takumi Pro.2.0。同时上海的某些高校也采购了此套软件。设备有了,软件也有了,可培训教师哪里找？那时笔者刚接到职业培训中心教师的委托,进行首饰软件的培训开发,并且上海劳动和社会保障局职业鉴定中心正在组织专家开发"高级首饰设计员"（三级）国家职业资格的鉴定大纲和题库,笔者也作为一名成员参与编写修改教学大纲、教学计划和题库开发,同时该软件也被纳入上海市职业资格鉴定考试"高级首饰设计员"的三维建模必考的软件之一。

　　笔者刚开始使用这个软件时只有简单的操作说明,并没有相关的教材和视频指导如何进行辅助首饰设计和建模,于是笔者边学操作命令边结合首饰的结构特点进行实验性首饰的建模运用,逐步掌握了此软件的首饰三维建模运用。如果看到一个首饰款式,基本上知道该用什么样的操作命令和方法进行建模。有些建模可用 3 种操作命令完成同一个造型建模,这主要得益于笔者的职业生涯和对首饰设计结构和加工方法的理解,特别是尝试了各种绘图软件的使用,深刻体会到对绘图软件的掌握需专业知识的配合,Photoshop\Illustrator CS\CorelDraw 软件都可以用于首饰设计,当然首先要懂得专业知识并具行业经验。

　　但如果是教学,就牵涉到教什么和怎样教的问题,在教学中所接触的学生基本上没有独立完成首饰设计建模的能力,必须循序渐进,才能使学生掌握 3D 的首饰建模思考方法和能力。于是笔者在授课之余写书,做视频,让更多的学生掌握 3D 打印的电脑建模。上海的很多职业院校也相继开设了这门课程,在上海的院校中已有近千人参加了该软件的培训,通过了"高级首饰设计员"电脑首饰设计部分的职业资格鉴定考试。

　　当前 3D 打印技术突飞猛进,3D 首饰设计建模师已经成为行业需求较大的职业,也是各大院校首饰设计专业的必修课程。同时,笔者也接触了法国公司出产的 3Design 首饰专用设计软件和香港公司出产的 JewelCAD 5.0 首饰专用设计软件。它们的建模特色各有千秋,但原理基本相同,只是有些软件渲染做得好些,有些添加了手绘图纸插入的功能,有的模型库做得较全面些。但对初学 3D 建模的学生来说,此款 JCAD3/Takumi Pro.2.0 软件简单易学,容易上手操作,对电脑的配置要求不高,文件小。简而言之,学习了该软件的操作,会锻炼学生的三维首饰设计的思考方法和能力,并对其他 3D 首饰设计操作软件更易理解。特别是需参加

"高级首饰设计员"的电脑首饰设计部分鉴定考试的同学来说,此款软件效果更好。

  3D 打印首饰的关键技术是材料的革命,笔者也期待 3D 打印首饰材料技术的进步,一旦突破,首饰设计师可以直接打印贵金属首饰,完成从创意构思到 3D 建模到 3D 打印成型的一体化工程,那将是首饰设计师业界的根本转变,独立的首饰设计师会像雨后春笋般涌现,个性化定制和独特性首饰设计将成为首饰的主流产品。当然传统的工艺也会一直保留下去。

王继青

2015 年 3 月 30 日

目 录

第一章　JCAD3/Takumi Pro.2.0 界面 …………………………………… (1)
第一节　学习任务和目的 …………………………………………………… (1)
第二节　初始JCAD界面 …………………………………………………… (1)
第三节　快捷键 ……………………………………………………………… (5)
第四节　浮动工具条命令 …………………………………………………… (5)

第二章　JCAD 2.0 基础操作命令分解 …………………………………… (9)
第一节　一般工具栏 ………………………………………………………… (9)
第二节　检视工具栏 ………………………………………………………… (14)
第三节　组合工具栏 ………………………………………………………… (16)
第四节　着色工具栏 ………………………………………………………… (18)
第五节　视窗控制工具栏 …………………………………………………… (21)
第六节　测量工具栏 ………………………………………………………… (30)

第三章　一般编辑命令分解 ………………………………………………… (32)
第一节　复制 ………………………………………………………………… (32)
第二节　剪切 ………………………………………………………………… (32)
第三节　粘贴 ………………………………………………………………… (33)
第四节　删除 ………………………………………………………………… (34)
第五节　选择全部 …………………………………………………………… (34)
第六节　解除选择 …………………………………………………………… (35)
第七节　建立工具 …………………………………………………………… (35)
第八节　复制模式 …………………………………………………………… (36)
第九节　参数模式 …………………………………………………………… (36)

第四章　建立物件操作命令分解 …………………………………………… (37)
第一节　基本物件 …………………………………………………………… (37)
第二节　曲线 ………………………………………………………………… (39)
第三节　编辑曲线 …………………………………………………………… (43)
第四节　扫成体 ……………………………………………………………… (44)
第五节　旋转体 ……………………………………………………………… (45)
第六节　锥体 ………………………………………………………………… (47)
第七节　指定部分 …………………………………………………………… (47)

第八节　线段合成面 ……………………………………………………………… (48)
第九节　多切面合成 ……………………………………………………………… (49)
第十节　螺旋 ……………………………………………………………………… (50)
第十一节　再建造 ………………………………………………………………… (51)
第十二节　连接 …………………………………………………………………… (51)
第十三节　曲面厚度 ……………………………………………………………… (52)
第十四节　文字 …………………………………………………………………… (52)

第五章　编辑物件操作命令分解 ………………………………………………… (53)
第一节　移动 ……………………………………………………………………… (53)
第二节　旋转 ……………………………………………………………………… (54)
第三节　镜像 ……………………………………………………………………… (54)
第四节　缩放 ……………………………………………………………………… (55)
第五节　更改尺寸(直线) ………………………………………………………… (56)
第六节　更改尺寸(曲线) ………………………………………………………… (56)
第七节　弯曲 ……………………………………………………………………… (57)
第八节　物件扭转 ………………………………………………………………… (58)
第九节　剪开 ……………………………………………………………………… (58)
第十节　编辑基本曲线 …………………………………………………………… (59)
第十一节　编辑基本曲面 ………………………………………………………… (59)
第十二节　编辑基本线 …………………………………………………………… (60)
第十三节　编辑基本圈 …………………………………………………………… (61)
第十四节　平面切割 ……………………………………………………………… (61)
第十五节　运算切合 ……………………………………………………………… (62)

第六章　编辑曲面操作命令分解 ………………………………………………… (64)
第一节　移动控制点 ……………………………………………………………… (64)
第二节　移动控制面/列 …………………………………………………………… (67)
第三节　插入控制面/列 …………………………………………………………… (67)
第四节　旋转线段 ………………………………………………………………… (67)
第五节　扭转 ……………………………………………………………………… (69)
第六节　扩大/缩小 ………………………………………………………………… (69)
第七节　编辑控制面 ……………………………………………………………… (70)
第八节　控制面移动 ……………………………………………………………… (71)
第九节　编辑基本曲线 …………………………………………………………… (72)
第十节　编辑基本曲面 …………………………………………………………… (72)
第十一节　张力设定 ……………………………………………………………… (73)

第七章　指环工具操作命令分解 ………………………………………………… (74)
第一节　[指环]对话框 …………………………………………………………… (74)

第二节 ［镶口］对话框 ………………………………………………………………… (75)
　　　第三节 ［镶口调较］对话框 ……………………………………………………… (78)
　　　第四节 ［宝石］对话框 …………………………………………………………… (79)
　　　第五节 ［合成一体］对话框 ……………………………………………………… (80)

第八章　戒圈合成实训 …………………………………………………………………… (81)
　　　第一节 学习任务和目的 …………………………………………………………… (81)
　　　第二节 操作方法与步骤 …………………………………………………………… (81)

第九章　镶口组合实训 …………………………………………………………………… (86)
　　　第一节 学习任务和目的 …………………………………………………………… (86)
　　　第二节 学习的步骤 ………………………………………………………………… (86)

第十章　花叶合成设计实训 ……………………………………………………………… (94)
　　　第一节 学习任务和目的 …………………………………………………………… (94)
　　　第二节 操作方法与步骤 …………………………………………………………… (94)

第十一章　首饰配件设计实训 …………………………………………………………… (99)
　　　第一节 学习任务和目的 …………………………………………………………… (99)
　　　第二节 操作方法与步骤 …………………………………………………………… (99)

第十二章　素金戒指合成实训 …………………………………………………………… (105)
　　　第一节 学习任务和目的 …………………………………………………………… (105)
　　　第二节 操作方法与步骤 …………………………………………………………… (105)

第十三章　宝石首饰戒指实训 …………………………………………………………… (111)
　　　第一节 学习任务和目的 …………………………………………………………… (111)
　　　第二节 操作方法与步骤 …………………………………………………………… (111)

第十四章　挂件合成实训 ………………………………………………………………… (117)
　　　第一节 学习任务和目的 …………………………………………………………… (117)
　　　第二节 操作方法与步骤 …………………………………………………………… (117)

第十五章　耳饰服饰项链 ………………………………………………………………… (127)
　　　第一节 学习任务和目的 …………………………………………………………… (127)
　　　第二节 操作方法与步骤 …………………………………………………………… (127)

第十六章　器皿摆件实训 ………………………………………………………………… (132)
　　　第一节 学习任务和目的 …………………………………………………………… (132)
　　　第二节 操作方法与步骤 …………………………………………………………… (132)

第十七章　二维图像保存与图像处理 …………………………………………………… (137)
　　　第一节 学习任务和目的 …………………………………………………………… (137)
　　　第二节 操作方法与步骤 …………………………………………………………… (137)

第一章　JCAD3/Takumi Pro. 2.0 界面

　　JCAD 2.0 全称为 3D CAD for Jewelry,是珠宝首饰的专业设计软件,由日本 MEIKO Co.,Ltd 公司开发研究完成,目前已推出简体中文版,之前有英文版、繁体中文版和日文版。

　　JCAD 2.0 较之 JCAD 1.0 在功能上有了进一步改善,使之功能更强、便于设计操作,同时,JCAD 在珠宝设计上的运用,弥补了仅凭手绘设计在表现效果上的缺陷,它使设计图稿更逼真、更直观,也为珠宝的制作提供了便利。

　　学习操作 JCAD 2.0 不仅可以提高学生的电脑设计技术,还可以使学生在操作中了解到制作首饰时的注意事项和首饰结构,可谓一举两得。

第一节　学习任务和目的

　　通过学习,使学生对首饰辅助设计/JCAD 的界面和操作功能特点有一个基本认识,熟悉和掌握操作专业设计软件全过程。能运用菜单栏、工具条、键盘和鼠标进行命令操作,为首饰的辅助设计打下稳固的计算机应用基础。

　　学习任务要求学生全面掌握 JCAD 软件的各项菜单栏、工具条、快捷键中的工作内容功能和操作,认识 JCAD 操作特点、原理和基本设置,并能运用所学知识进行基本的物件创建和编辑。

第二节　初始 JCAD 界面

　　界面由标题栏、菜单栏、浮动工具条、工作区域、状态栏组成(图 1-1)。

一、标题栏

　　最上面一排是标题栏,所反映的是目前操作的文件名称和 JCAD 应用软件名称,标题栏的最左端和最右端是窗口控制对话框和程序对话框(图 1-2)。

二、菜单栏

　　JCAD 共有 11 个菜单,分别是文件、检视、组合、着色、视窗控制、编辑、建立物件、编辑物件、编辑曲面、工具和帮助,这些菜单可以完成 JCAD 所有的功能。单击鼠标左键可以打开菜

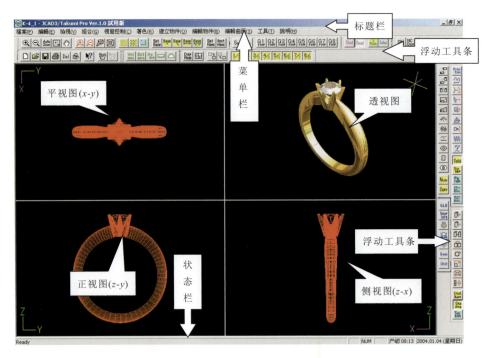

图1-1 初始JCAD界面

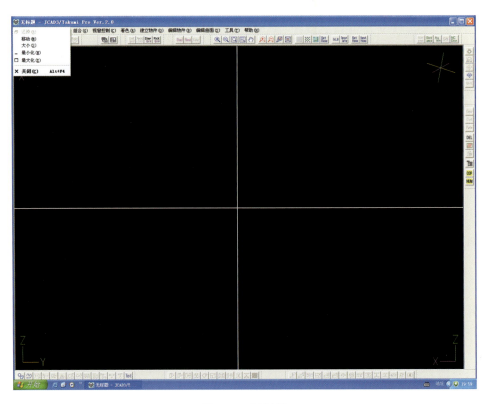

图1-2 标题栏

单选择相应的命令,按 Alt 键加菜单上的英文字母可以通过键盘打开菜单,若打开文件即用 Alt+F,在打开某个选择命令时,按命令旁的英文字母或快捷键。若保存文件即可按 S,也可按 Ctrl+S(图 1-3)。

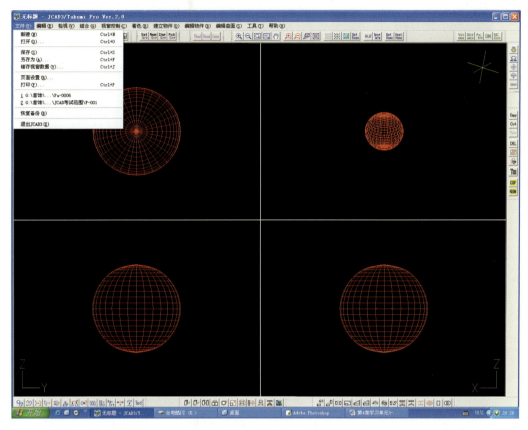

图 1-3 菜单栏

三、工具条

工具条共有 11 个,分别是一般、编辑、检视、组合、着色、视窗控制、测量、建立物件、编辑物件、编辑曲面和指环。工具条是可以移动的,可根据个人的习惯放置在任意位置(图 1-4)。

工具条的命令与菜单上的命令基本上是一一对应,也就是说用了工具条上的命令就等于用了菜单命令(图 1-5)。

"浮动工具条"在"检视"菜单栏下拉菜单中"工具列"打开,"状态栏"在"检视"菜单栏下拉菜单"显示/隐藏"状态栏中设置。菜单栏中的命令用键盘操作方法,先按 Alt+菜单旁的字母,如:档案按 Alt+F 键,然后按打开的下拉菜单中提示的字母,如"打开"旁的字母"O"键。JCAD2.0 的快捷键主要是提供视图环境和选择环境的操作,熟练掌握有助于提高计算机绘画设计速度。

一般工具条由[新建]、[打开]、[保存]、[打印]、[依存状况说明]、[撤销]、[重复]组成。

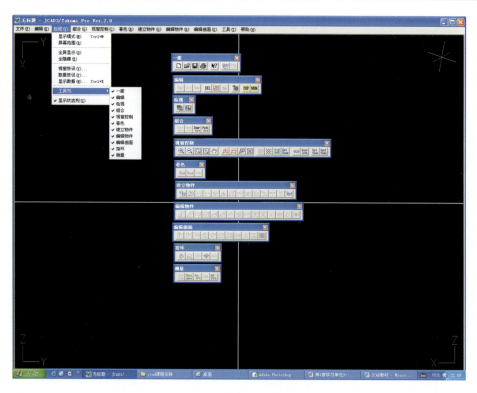

图 1-4 浮动工具条

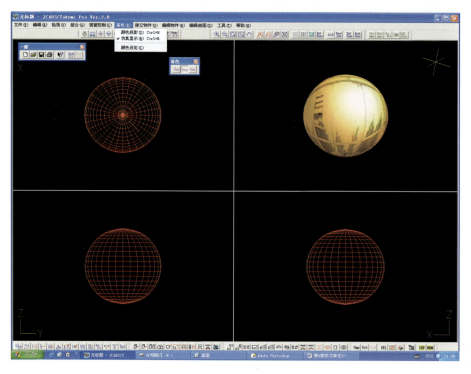

图 1-5 浮动工具条命令与菜单命令基本一致

［新建］、［打开］、［保存］、［打印］、［撤销］、［重复］的操作和功能与其他软件相似。

检视工具条由［显示模式］和［屏幕范围］组成。

组合工具条由［设定组合］、［解除组合］、［显示组合］和［选择组合］组成。

着色工具条由［颜色投影］、［仿真显示］和［颜色设定］组成。

视窗控制工具条由［放大］、［缩小］、［自动缩放］、［指定缩放］、［移动视窗］、［拉近视窗］、［拉远视窗］、［重设］、［转换透视角度］、［显示格点］、［跟随格点］、［格点间隔］、［设定基本点/线位置］、［格箱］、［模板］、［基准视窗登录］和［基准视窗回归］组成。

测量工具条由［测量体积］、［测量距离］、［测量角度］、［模拟造型］、［NC 数据］组成。

指环工具条由［指环］、［镶口］、［镶口调较］、［宝石］、［合成一体］组成。

第三节　快捷键

［文件］

Ctrl＋N［新建］、Ctrl＋O［打开］、Ctrl＋S［保存］、Ctrl＋F［另存为］、Ctrl＋J［保存查看数据］、Ctrl＋P［打印］。

［编辑］

Ctrl＋Z［撤销］、Ctrl＋Y［重复］、Delete［删除］。

［查看］

Ctrl＋M［显示模式］、Ctrl＋K［显示数据］、Ctrl＋Shift＋A［全视图］、Ctrl＋Shift＋S［3D 透视图］、Ctrl＋Shift＋Z［XY－平面］、Ctrl＋Shift＋X［ZY－平面］、Ctrl＋Shift＋C［ZY－平面］。

［组］

Shift＋1 或 Shift＋8［显示组合 1］或［显示组合 8］、Ctrl＋1 或 Ctrl＋8［选择组合 1］或［选择组合 8］。

［屏幕（屏幕控制 1）］

Ctrl＋I［放大］、Ctrl＋T［缩小］、Ctrl＋A［自动缩放］、Ctrl＋E［指定缩放］、Ctrl＋Q［移动视窗］、Ctrl＋U［拉近视窗］、Ctrl＋D［拉远视窗］、Ctrl＋C［重复安排查看］、Ctrl＋V［改变视图方向］、Ctrl＋G［显示格点］、Ctrl＋B［跟随格点］、Ctrl＋W［基准视窗登陆］、Ctrl＋X［基准视图回归］。

［着色］

Ctrl＋H［颜色投影］、Ctrl＋R［仿真显示］。

第四节　浮动工具条命令

一般工具条见图 1－6。

从左至右依次是：［新建］、［打开］、［保存］、［打印］、［依存状况说明］、

[撤销]、[重复]。

图1-6 一般工具条

指环工具条见图1-7。

图1-7 指环工具条

从左至右依次是：[指环]、[镶口]、[镶口调较]、[宝石]、[合成一体]。
检视工具条见图1-8。

图1-8 检视工具条

从左至右依次是：[显示模式]、[屏幕范围]。
着色工具条见图1-9。

图1-9 着色工具条

从左至右依次是：[颜色投影]、[仿真显示]、[颜色设定]。
组合工具条见图1-10。

图1-10 组合工具条

从左至右依次是：[设定组合]、[解除组合]、[显示组合]、[选择组合]。
测量工具条见图1-11。

图1-11 测量工具条

从左至右依次是：[测量体积]、[测量距离]、[测量角度]、[模拟造型]、[NC数据]。
编辑曲面工具条见图1-12。

图1-12 编辑曲面工具条

从左至右依次是：[移动控制点]、[移动控制面/列]、[插入控制面/列]、[旋转线段]、[扭转]、[扩大/缩小]、[编辑控制面]、[控制面移动]、[编辑基本曲线]、[编辑基本曲面]、[张力设定]。
编辑工具条见图1-13。

图1-13 编辑工具条

从左至右依次是：[复制]、[剪切]、[粘贴]、[删除]、[选择全部]、[解除选择]、[建立工具]、[复制模式]、[参数模式]。
编辑物件工具条见图1-14。

图1-14 编辑物件工具条

从左至右依次是：[移动]、[旋转]、[镜像]、[缩放]、[更改尺寸(直线)]、[更改尺寸(曲线)]、[弯曲]、[物件扭转]、[剪开]、[编辑基本曲线]、[编辑基本曲面]、[编辑基本线]、[编辑基本圈]、[平面切割]、[运算切合]。

建立物件工具条见图1－15。

图1－15　建立物件工具条

从左至右依次是：[基本物件]、[曲线]、[编辑曲线]、[扫成体]、[旋转体]、[锥体]、[指定部分]、[线段合成面]、[多切面合成]、[螺旋]、[再建造]、[连接]、[曲面厚度]、[文字]。

视窗控制工具条见图1－16。

图1－16　视窗控制工具条

从左至右依次是：[放大]、[缩小]、[自动缩放]、[指定缩放]、[移动视窗]、[拉近视窗]、[拉远视窗]、[重设]、[转换透视角度]、[显示格点]、[跟随格点]、[格点间隔]、[设定基本点/线位置]、[格箱]、[模板]、[基准视窗登录]、[基准视窗回归]。

第二章　JCAD 2.0 基础操作命令分解

基础操作命令由一般工具栏、检视工具栏、组合工具栏、着色工具栏、视窗控制工具栏、测量工具栏组成,是 JCAD 最基本的控制视图、工作区域保存、打印、显示操作的必要命令。

第一节　一般工具栏

一般工具栏由[新建]、[打开]、[保存]、[打印]、[依存状况说明]、[撤销]、[重复]组成。[新建]、[打开]、[保存]、[打印]、[撤销]、[重复]的操作和功能与其他软件相似。

一、[新建]对话框 (快捷键 Ctrl＋N)

单击[新建]对话框或快捷键 Ctrl＋N,即新建了一个无标题的文件,若要标题,必须在保存时输入文件名称。

二、[打开]对话框 (快捷键 Ctrl＋O)

单击[打开]对话框,系统会出现一个对话框,提示用户选择将要打开的文件类型(jsd、gld、dxf、stl 格式),以便进一步操作。jsd 是该软件默认的后缀名(图 2－1)。

图 2－1　[打开]对话框

三、[保存]对话框 🖫 (快捷键 Ctrl+S)

若JCAD视图中已建立了物体,单击一般工具栏的[保存]对话框后,系统会弹出一个对话框,提示用户选择将要保存的文件类型(jsd、dxf、stl格式)(图2-2)。

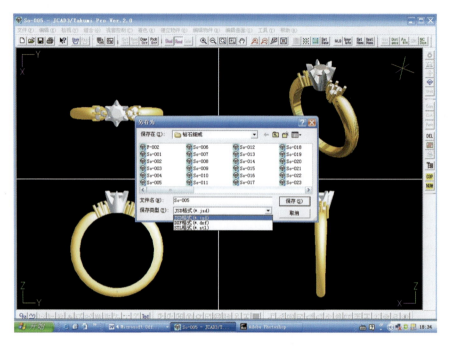

图2-2 [保存]对话框

四、[打印]对话框 🖨 (快捷键 Ctrl+P)

JCAD视图中已建立了物体,单击一般工具栏的[打印]对话框后,系统会弹出一个打印设定对话框,请选择档案,并为档案设置文件夹与名称。如选择现时背景(黑色)和全视图,打印后文档见图2-3。

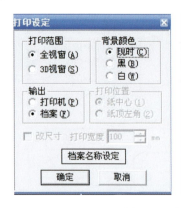

图2-3 打印文档黑色背景及打印后文档图

如选择白色背景和全视图,打印后文档见图2-4。

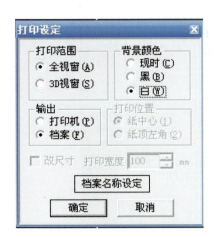

图2-4 打印文档白色背景及打印后文档图

选择现时背景和3D视图并打印成一张单独的立体视图(图2-5)。用户可根据实际需求进行设定,最后点击"确定",完成操作(注:目前档案打印,只支持将文件存为bmp格式)。

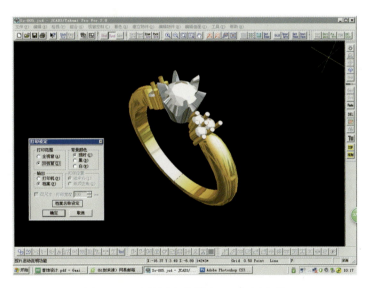

图2-5 选择黑色背景和3D视图文档

五、[依存状况说明]对话框

[依存状况说明]对话框的作用相当于"帮助"。当用户操作软件时发生疑问,先点击[依存状况说明]对话框,再点击软件界面中有疑问的地方,系统会给予相应的解释。例如:先点击[依存状况说明]对话框,再点击[格点跟踪]对话框,系统会跳出英文的[格点跟踪]对话框提示和帮助说明(图2-6)。

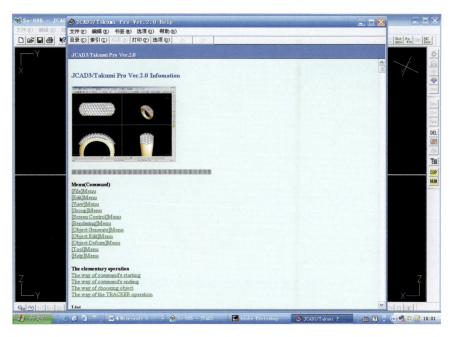

图 2-6 [依存状况说明]对话框的作用

六、[撤销]对话框 Undo (快捷键 Ctrl+Z)

[撤销]对话框的作用是进行还原操作,当用户发生误操作时,点击[撤销]对话框,可以将所编辑的图像还原到上一步状态(图 2-7)。要使画面回到上一步,就点击[撤销]对话框(图 2-8)。

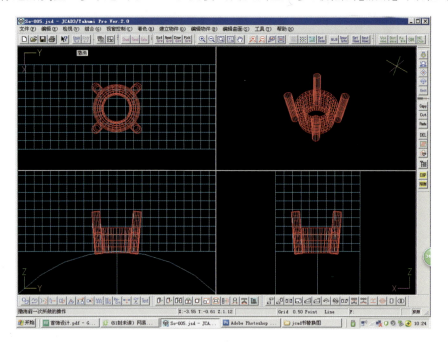

图 2-7 [撤销]对话框

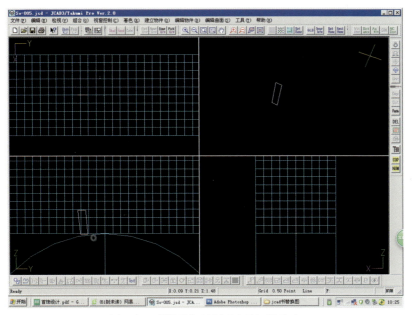

图 2-8 [撤销]对话框回到初始状态

七、[重复]对话框 Redo (快捷键 Ctrl+Y)

[重复]对话框的作用是使画面回到按[撤销]对话框之前的状态。上例中,若用户不想还原操作,在按了[撤销]对话框后,再按[重复]对话框,这样又使画面回到原来的一步(图 2-9)。

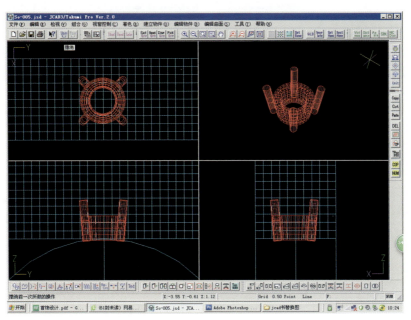

图 2-9 [重复]对话框回到原来的一步

第二节　检视工具栏

检视工具栏由[显示模式]和[屏幕范围]组成。

一、[显示模式]对话框

当用户在软件界面中建立物体后,想要切换显示类型以便看清该物体的结构进行操作,只需点击[显示模式]对话框,随后在弹出的菜单中进行选择即可。正常模式显示是看不到物件的基本框架,模式(1)是全框架,模式(2)和模式(3)是选择物件与不选择物件才能看到的框架(图2-10)。

(a) [显示模式]对话框

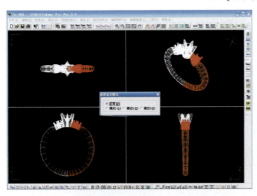

(b) 正常模式　　　　　　　　　(c) 模式(1)

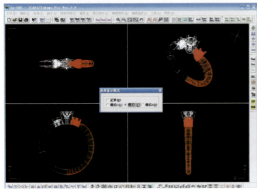

(d) 模式(2)　　　　　　　　　(e) 模式(3)

图2-10　显示模式

正常模式中,无论选中或没选中物体都是没结构主线。模式(1)中,无论选中或没选中物体都显示结构主线。模式(2)中,选中物体没结构主线,没选中物体有结构主线。模式(3)中,选中物体有结构主线,没选中物体没结构主线。

二、[屏幕范围]对话框

屏幕范围见图 2-11。

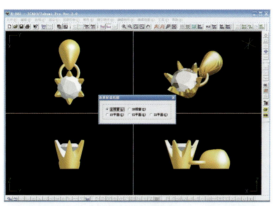

(a) 全视窗范围

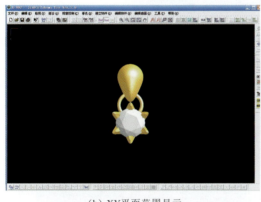

(b) XY平面范围显示

(c) YZ平面范围显示

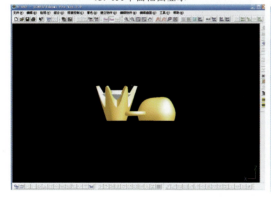

(d) XZ平面范围显示

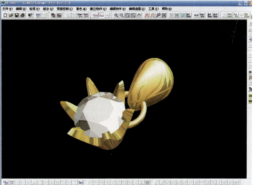

(e) 3D视窗范围显示

图 2-11 屏幕范围

当用户在软件界面中建立物体后,想要切换视图类型,只需点击[屏幕范围]对话框,随后在弹出的菜单中进行选择即可。

第三节 组合工具栏

组合工具栏由[设定组合]、[解除组合]、[显示组合]和[选择组合]组成。

一、[设定组合]对话框

(1)选择物体,红色状态。

(2)按下F5～F12中任一键,再单击[设定组合]对话框。其中,F5～F12分别代表组合1～组合8。例如:要将圆锥体和圆柱体都设为组合2,就按F6键,再单击[设定组合]对话框,这样,设定组合完成(图2-12)。

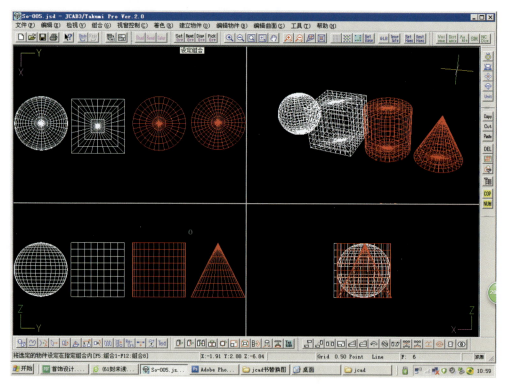

图2-12 [设定组合]对话框

二、[解除组合]对话框

在设定完组合后,选中欲解除组合的物体,按下欲解除组合的代表按键(如:要解除组合2,就按F6键),再单击[解除组合]对话框,解除组合完成(图2-13)。

第二章 JCAD 2.0 基础操作命令分解

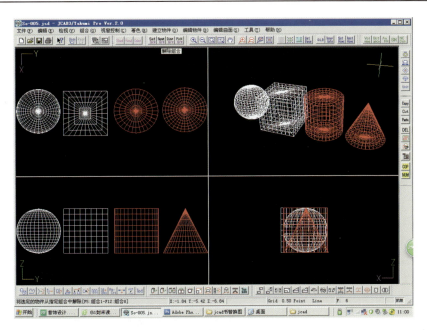

图 2-13 [解除组合]对话框

三、[显示组合]对话框 （图 2-14）

在设定完组合后,欲隐藏组合的物体,按下欲隐藏组合的 F6 键,再单击[显示组合]对话框,组合的物体会隐藏(图 2-14)。

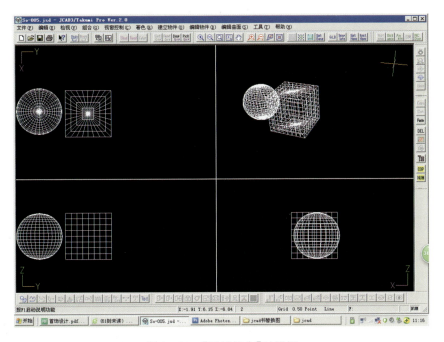

图 2-14 [显示组合]对话框

四、[选择组合]对话框

在设定完组合后,选中欲设定组合的物体,按下欲显示组合的代表按键(F6~F12中的任意一个),再单击[选择组合]对话框,选择组合会以红色选中状态完成(图2-15)。

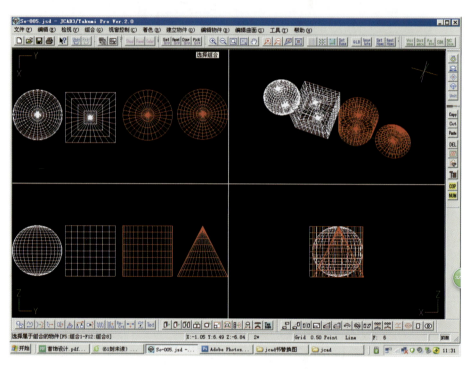

图2-15 [选择组合]对话框

第四节 着色工具栏

着色工具栏由[颜色投影]、[仿真显示]和[颜色设定]组成。

一、[颜色投影]对话框

(1)选择物体,打开"Shade投影"命令,物体以没有金属感的颜色在3D视窗中显示着色效果(图2-16)。

(2)要在三视图上全部着色,就单击F5键和"Shade投影",没有金属感的颜色在全视图所有视窗中显示着色效果(图2-17)。

第二章　JCAD 2.0 基础操作命令分解

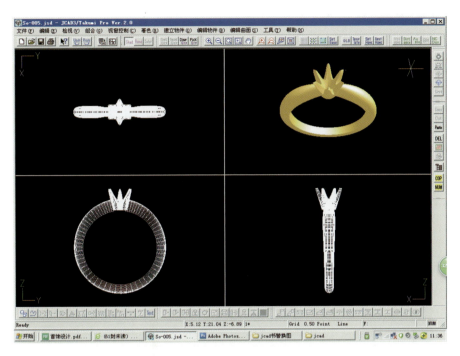

图 2-16　没有金属感的颜色在 3D 视窗中显示着色效果

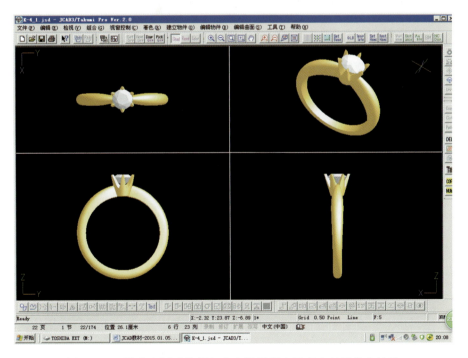

图 2-17　没有金属感的颜色在全视图所有视窗中显示着色效果

二、[仿真显示]对话框 Rend

(1)选择物体,打开"Rend 仿真"显示命令。在 3D 视图上显示仿真金属的着色效果(图 2-18)。

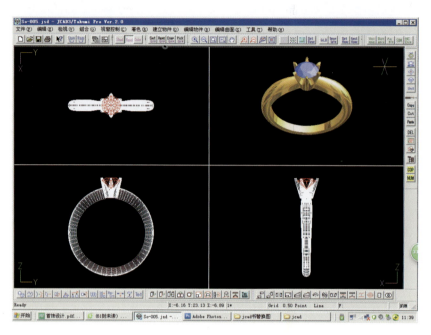

图 2-18　3D 视图上显示仿真金属的着色效果

(2)按 F5 键并单击"Rend 仿真"显示,3D 视图上视窗全部仿真显示着色效果(图 2-19)。

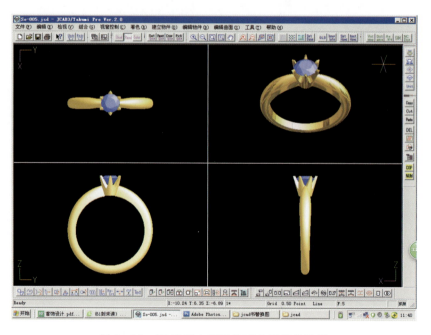

图 2-19　3D 视图上视窗仿真显示着色效果

三、[颜色设定]对话框 Color

选择物体,打开"Color 颜色设定"命令。选择 12 种颜色模式确定,分别是金、银、水晶、红宝石、绿宝石、蓝宝石、茶晶、玫瑰晶、黄水晶、铂金以及"使用者 1(1)~使用者 6(6)"。另外,[工具]菜单里的[颜色状况]可进行 RGB 颜色的自定义设置。"着色状况"可进行自定义的贴图和光线类型设置(图 2-20)。

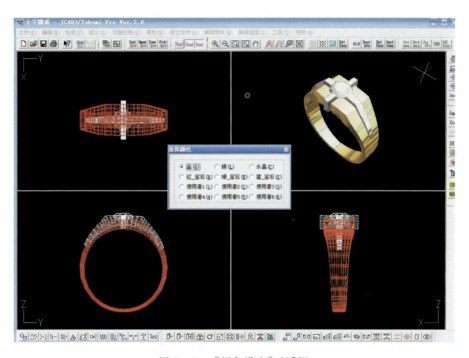

图 2-20 [颜色设定]对话框

第五节 视窗控制工具栏

视窗控制工具栏由[放大]、[缩小]、[自动缩放]、[指定缩放]、[移动视窗]、[拉近视窗]、[拉远视窗]、[重设]、[转换透视角度]、[显示格点]、[跟随格点]、[格点间隔]、[设定基本点/线位置]、[格箱]、[模板]、[基准视窗登录]和[基准视窗回归]组成(图 2-21)。

图 2-21 视窗控制工具栏

一、[放大]对话框 🔍

单击[放大]对话框,可以扩大显示三视图视窗内的物件(图2-22)。

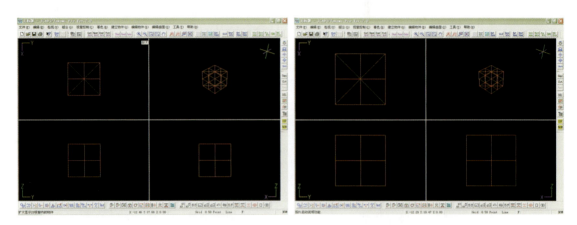

图2-22 [放大]三视图对话框

二、[缩小]对话框 🔍

单击[缩小]对话框,可以缩小显示三视图视窗内的物件(图2-23)。

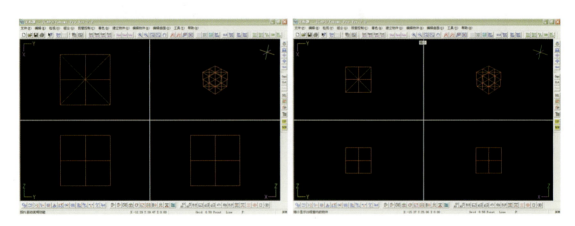

图2-23 [缩小]三视图对话框

三、[自动缩放]对话框 🔍

当用户在三视图视窗内建立了很多物体,无法看到全部物件时,便可单击此对话框,物体会全部显示,并自动放中间(图2-24)。

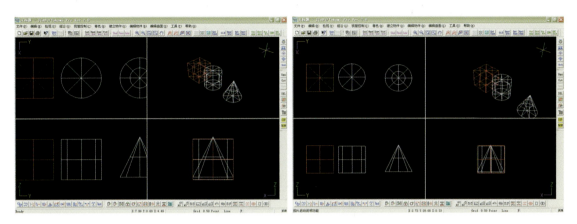

图 2-24 [自动缩放]三视图对话框

四、[指定缩放]对话框

当用户在三视图视窗内建立了物体,却因太小无法看清时,便可单击此对话框。对想要放大的区域进行拖曳。拖曳时指定缩放区域会出现绿色线框,拖曳完毕松开鼠标左键,指定缩放完成(图 2-25)。

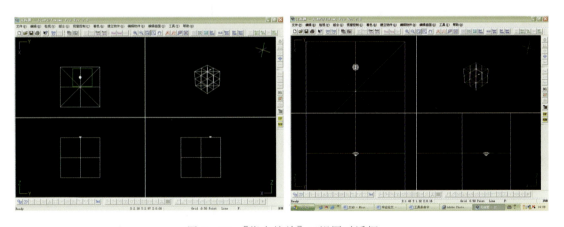

图 2-25 [指定缩放]三视图对话框

五、[移动视窗]对话框

当用户在三视图视窗内建立了很多物体,当部分物体被遮挡无法看到全貌,此时便可单击此对话框。例如:单击[移动视窗]对话框,将鼠标左键点住不放向右拖曳,可使原本被遮挡的圆锥体移至视窗中央(图 2-26)。

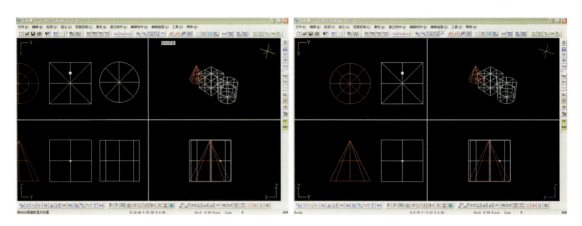

图 2-26 ［移动视窗］三视图对话框

六、［拉近视窗］对话框

［拉近视窗］对话框的功能是扩大显示 3D 视窗的物件，当 3D 视窗的物件太小无法看清时，便可单击此对话框（图 2-27）。

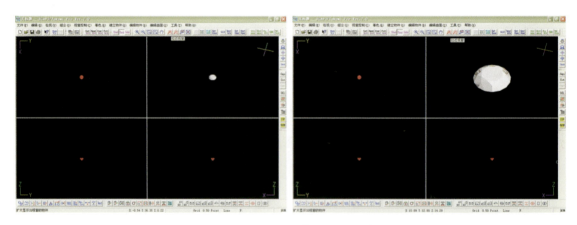

图 2-27 ［拉近视窗］3D 视图对话框

七、［拉远视窗］对话框

［拉远视窗］对话框的功能是缩小显示 3D 视窗的物件，当 3D 视窗的物件太大时，可单击此对话框（图 2-28）。

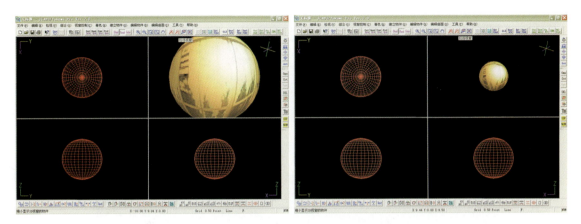

图 2-28 [拉远视窗]3D 视图对话框

八、[重设]对话框

当用户在软件界面设计首饰部件时,3D 视窗内的物件可能发生移位,要调整 3D 视窗内的物件位置,可使用[重设]对话框,物体自然放在 3D 视窗中间(图 2-29)。

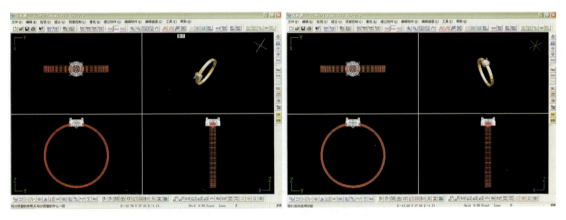

图 2-29 [重设]3D 视图对话框

九、[转换透视角度]对话框

当用户想要在 3D 视窗内清楚地看到物体的每一面,可单击此对话框,随后在弹出的菜单栏中选择三视图中不同的坐标位置的物体,并一个视图显示(图 2-30)。

十、[显示格点]对话框

按 F5 键+单击[显示格点]对话框,表示显示/隐藏三视图视窗的格点。

按 F6 键+单击[显示格点]对话框,表示显示/隐藏三视图视窗的基本点。

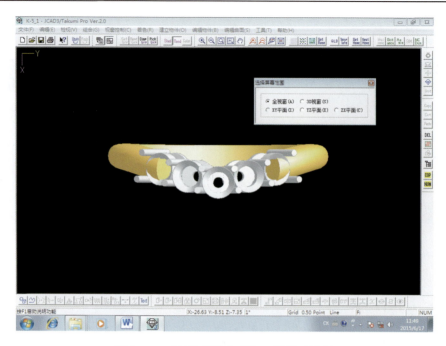

图 2-30　[转换透视角度]3D 视图对话框

按 F7 键＋单击[显示格点]对话框,表示显示/隐藏三视图视窗的基本线(图 2-31)。

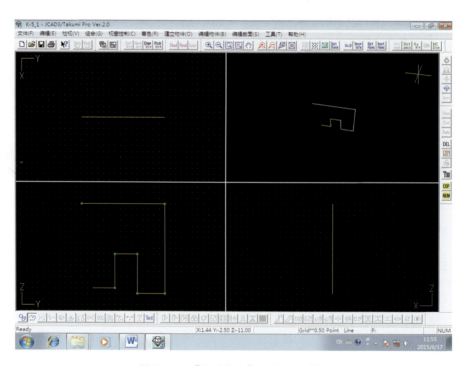

图 2-31　[显示格点]三视图对话框

十一、[跟随格点]对话框

单击[跟随格点]对话框，表示设定鼠标跟随视窗中的格点移动（图2-32）。

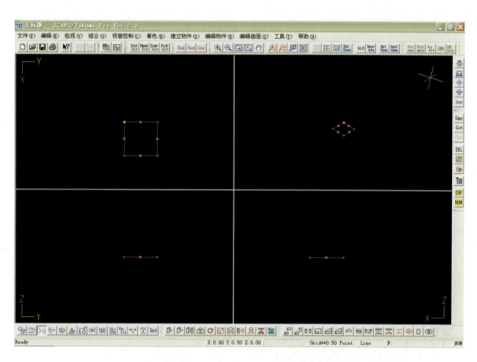

图2-32 [跟随格点]三视图对话框

十二、[格点间隔]对话框

单击[格点间隔]对话框，可对格点间隔的相关系数进行设定（图2-33）。

十三、[设定基本点/线位置]对话框

单击[设定基本点/线位置]对话框，会弹出一个菜单栏，提示用户进行点/线的选择，设定点的设置（图2-34）。

图2-33 格点间隔设定
格点的大小

十四、[格箱]对话框

格箱是首饰建模的范围大小，单击"格箱工具条"命令，选择格箱模式，"确定"完成格箱（图2-35）。

十五、[基准视窗登录]对话框

基准视窗登陆是把现有的视窗保存起来，以便进行其他操作后，可以回到设定的窗口（图2-36）。

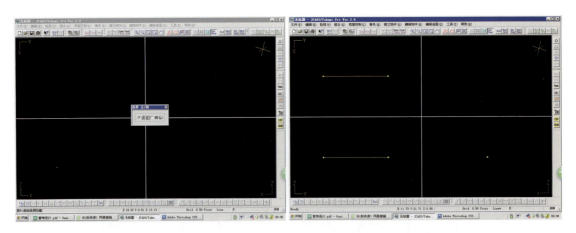

图 2-34 设定基本点/线中点的设定

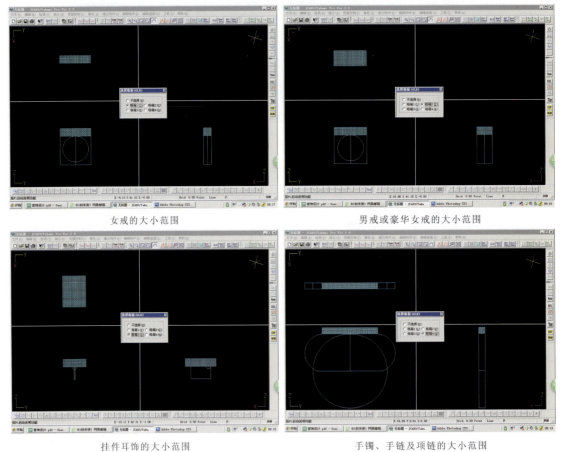

图 2-35 [格箱]对话框

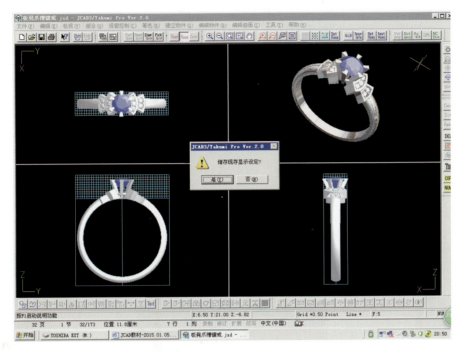

图 2-36　基准视窗登陆是把现有的视窗保存起来

十六、[基准视窗回归]对话框 Rest.HOME

基准视窗回归是把操作后的物体回到基准视窗登陆所设定的视窗(图 2-37)。

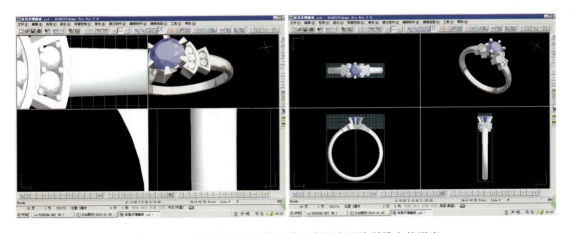

图 2-37　基准视窗回归是回到基准视窗登陆所设定的视窗

第六节 测量工具栏

测量工具栏由[测量体积]、[测量距离]、[测量角度]、[模拟造型]、[NC 数据]组成。

一、[测量体积]对话框

选择立体对象,启动"测量体积"命令,通过该项操作开始体积测量。测量中有表示进展的窗口显示,如需中断测量,单击鼠标右键。体积测量完成后,记录体积及重量(铂金、黄金、银)的窗口出现(图 2-38)。

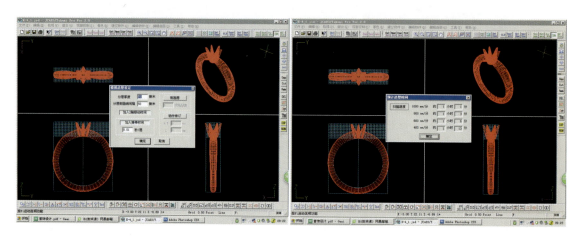

图 2-38 测量体积及重量(铂金、黄金、银)

二、[测量距离]对话框

启动"测量距离"命令,在三视图图中的任意一个平面上,按下鼠标左键不松开并拖动光标,跟踪器的点为绿色点:距离测量点(2 点间的距离),拖动结束后,跟踪器仍然显示(图 2-39)。

三、[测量角度]对话框

启动"测量角度"命令,在视图中会出现一个角度对话框,按下鼠标左键的位置点为中心点,呈红色,拖动光标会显示 2 个黄色点,放开鼠标左键,再选择一个黄色点拖曳,会显示 2 点之间的角度(图 2-40)。

四、[模拟造型]对话框

选择物体对象,打开"模拟造型"命令,对话框设置扫描分层厚度、间隔和速度后按确定。JCAD 会自动计算激光扫描成型机成型所需的时间(图 2-41)。

第三章　一般编辑命令分解

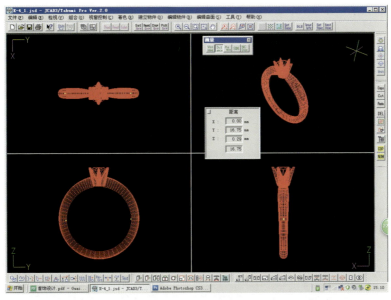

图2-39　"测量距离"可以测量物体2点之间的距离

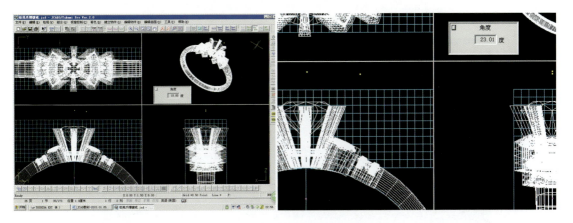

图2-40　"测量角度"可以测量物体的角度

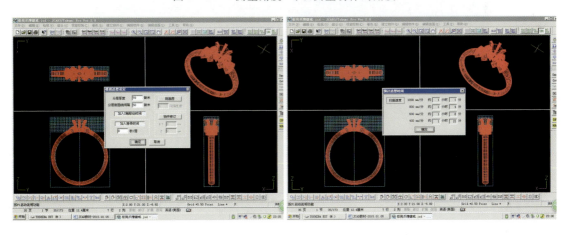

图2-41　"模拟造型"可以自动计算首饰成型的时间

第三章 一般编辑命令分解

第一节 复制 Copy

先用"浮动工具条"上的"基本物件"命令建立一个圆球体,按"复制"命令后,原复制的物体变成灰色,按"粘贴"命令,鼠标点击视窗空白处出现当前的复制物体,呈现红色,白色是刚才复制过的物体(图3-1)。

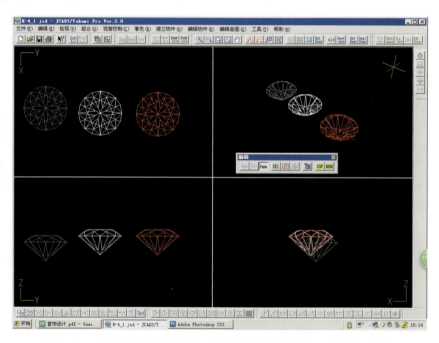

图3-1 复制的原物体呈灰色,当前复制物体呈红色,刚复制呈白色

第二节 剪切 Cut

先用"浮动工具条"上的"基本物件"命令在 $x-y$ 视图中建立几个圆球体,选中其中的物

体,点击"浮动工具条"上的"剪切"命令,物体会被剪切掉(图3-2)。

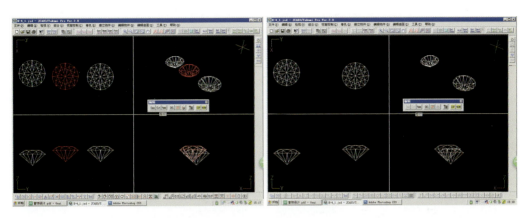

图3-2 剪切的物体会消失

第三节 粘贴 Paste

选中物体,点击"浮动工具条"上的"粘贴"命令,鼠标点击自定视窗位置处单击,物体自动粘贴在视窗上面,单击几个就粘贴几个。当前单击呈红色,前面单击呈白色(图3-3)。

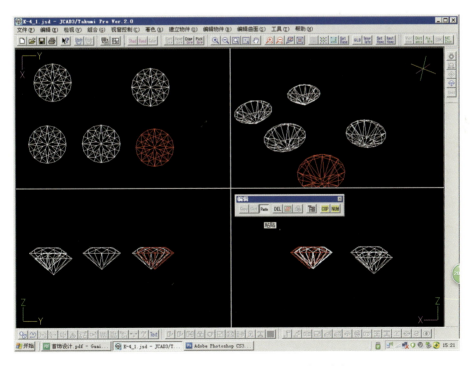

图3-3 当前粘贴呈红色,前面粘贴呈白色

第四节 删除 DEL

选中物体呈红色,点击"浮动工具条"上的"DEL"命令,物体会被删除掉(图3-4)。

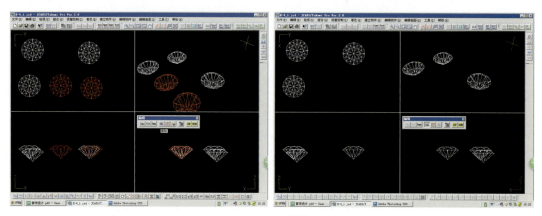

图3-4 点击"浮动工具条"上的"DEL"命令,物体会被删除掉

第五节 选择全部

点击"浮动工具条"上的"选择全部"命令,所有的物体都被选中(图3-5)。

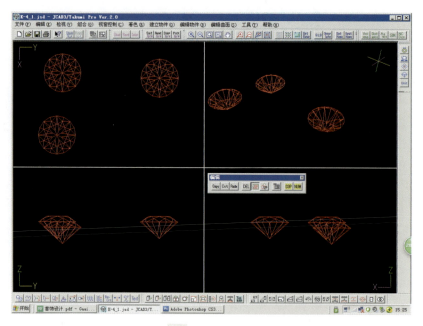

图3-5 点击"　"命令,所有的物体都被选中

第六节　解除选择

点击"浮动工具条"上的"解除选择"命令,黄色部分为待定,点击鼠标左键为选择此物体,会呈红色,点击鼠标右键为解除选择,呈白色(图3-6)。

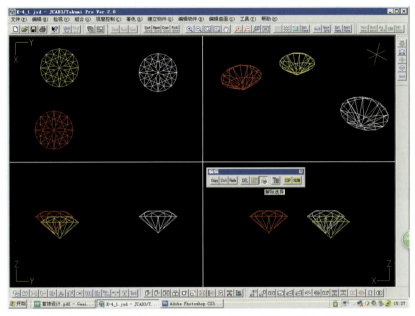

图3-6　点击"解除选择"命令黄色为待定,红色为选中,白色不选择

第七节　建立工具

点击"浮动工具条"上的"建立工具"命令,打钩部分为显示的物体,不打钩的物体会隐藏(图3-7)。

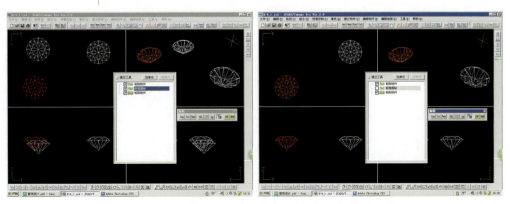

图3-7　打钩部分为显示的物体,不打钩的物体会隐藏

第八节　复制模式 COP

选中物体，点击"浮动工具条"上的"复制模式"命令，可用在"移动""旋转""镜像"命令的进行操作，物体会根据用户所需数量进行复制（图3-8）。

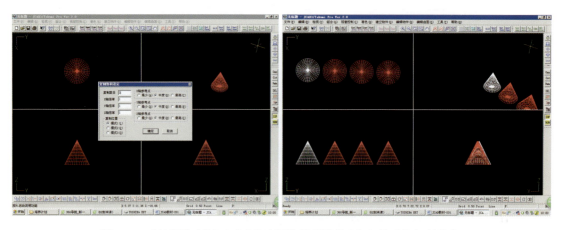

图3-8　"复制模式"命令在"移动""旋转""镜像"命令的进行复制操作

第九节　参数模式 NUM

选中物体，点击"浮动工具条"上的"参数模式"命令，操作中会有数值物对话框，物体会根据用户所需数值进行编辑。"参数模式"命令可用在"基本物件""曲线""编辑曲线""扫成体""旋转体""移动""旋转""缩放""更改尺寸（曲线）""弯曲""物件扭转""剪开"命令中运用，如"旋转"命令运用（图3-9）。

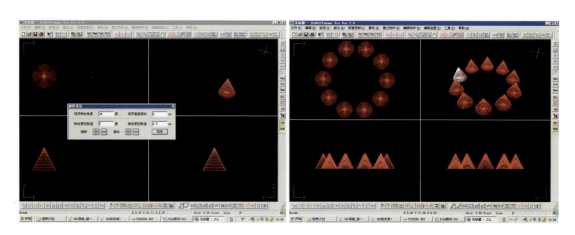

图3-9　"参数模式"在"旋转"命令中的运用

第四章　建立物件操作命令分解

第一节　基本物件

基本物件操作：

按"浮动控制条"上的"基本物件"命令，会出现圆形、方形、圆球体、方体、柱体、锥体6种基本物件供选择。基本物件可以把几何的圆形、方形、球体、方体、圆柱体、圆锥体物体建立(图4-1)。

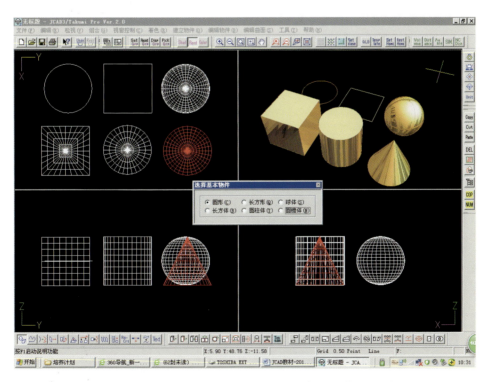

图4-1　基本物件有圆形、方形、球体、方体、圆柱体、圆锥体

数字式操作步骤：

①按"参数"命令 Num；②选择"基本物件"命令；③设置数值对话框，可以根据所需要的参数变化；④完成物件建立(图 4-2)。

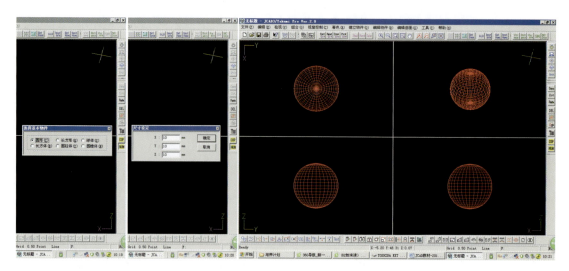

图 4-2 按"参数"命令 Num；选择"基本物件"命令；设置数值对话框；完成设定大小物体

手动操作步骤：

①选择"基本物件"命令；②选择基本物件后单击一种物体；③物件建立。注意：当视图缩小，物体变大；当视图放大，物体变小(图 4-3)。

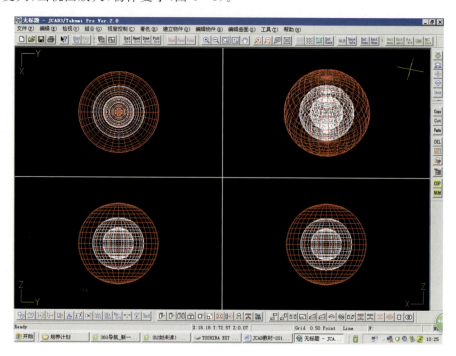

图 4-3 注意：当视图缩小，物体变大；当视图放大，物体变小

第二节 曲线

按"浮动工具条"上的"曲线"命令会出现两种情况:开口曲线和闭口曲线(图4-4)。

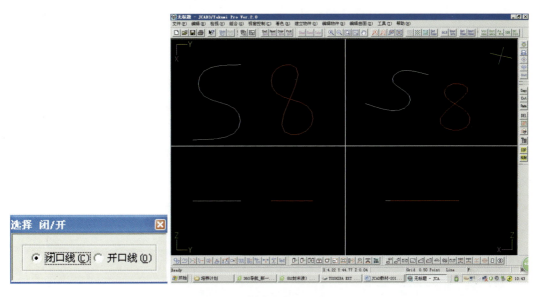

图4-4 曲线有开口和闭口

曲线控制点必须在两个控制点以上,控制点黄色为当前选中编辑控制点,红色为插入控制点,绿色为折线控制点,蓝色为弧线控制点,按Shift键可以在折线控制点与曲线控制点之间转换,按Delete键可以删除黄色的编辑控制点(图4-5)。

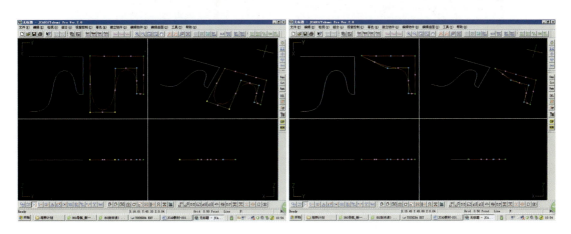

图4-5 按Delete键可删除黄色编辑控制点

按"参数模式"命令建立曲线可设置曲线数值,按"格点跟踪"可限定曲线位置。

一、曲线操作

首先选择闭口线或开口线,然后按 F5～F10 功能键。
(1)单击鼠标左键,指定控制点起始位置,再单击各个控制点建立曲线。
(2)按 Ctrl 键+移动=90°,45°,180°限制方向移动曲线。
(3)按 Shift 键+移动为折线控制点。
(4)按 Delete 键可删除每一个上一步的控制点。
(5)按参数(Num)+建立曲线命令可进行曲线对话框设置。

二、F5 键的功能

另外,若在画线之前先按 F5 键再去按"曲线"命令画线,则会弹出"结构线的资料"的对话框,里面有两个参数设置:"另一线角度"和"控制点之前的半径"。按"另一线角度"命令可设置下一根线的方向,按"控制点之前的半径"则可以改变以当前控制点之前的控制点为半径的线段大小(图 4-6)。

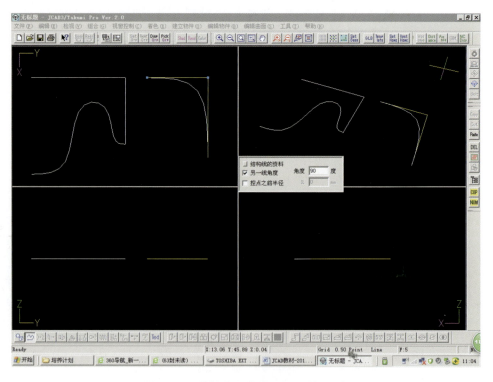

图 4-6 "结构线的资料"的对话框画线

三、F6 键的功能

按 F6 键,点击"曲线"命令会产生旋转复制的曲线,先按 F6 键,后点击"编辑曲线"命令,会出现对话框。如选择分割数为 5,视窗中出现 72°角的蓝色框,画一个五角形的曲线,5 个五角形出现,再可对五角星上的控制点进行微调(图 4-7)。

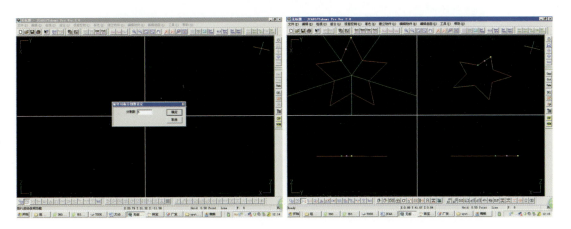

图 4-7　按 F6 键,选择分割数为 5,画一个五角形的曲线

四、F7 键的功能

若按 F7 键,点击"浮动工具条"上的"曲线"命令,则可编辑对称的图形的曲线。配合选择黄色控制点移动可以微调图形线的长短(图 4-8)。

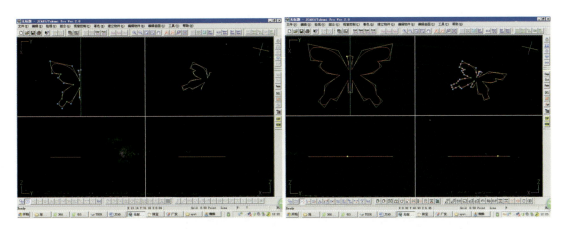

图 4-8　按 F7 键,点击"曲线"命令,则可编辑对称的图形的曲线

五、F8 键的功能

若按 F8 键,点击"曲线"命令,则通过编辑一个图形产生 4 个方向的对称图形(图 4-9)。

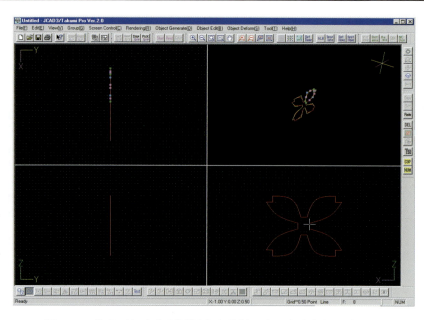

图 4-9　按 F8 键，点击"曲线"命令编辑一个 4 个方向的对称图形

六、F9 键的功能

若按 F9 键，点击"浮动工具条"上的"曲线"命令，则可通过点编辑弹力线的图形（图 4-10）。

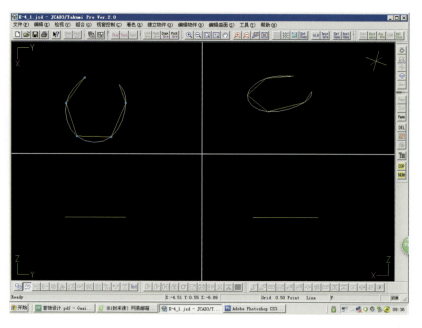

图 4-10　按 F9 键，点击"曲线"命令编辑弹力线的图形

七、F10 键的功能

若按 F10 键,点击"浮动工具条"上的"曲线"命令,则可编辑出一条螺旋形线(图 4-11)。

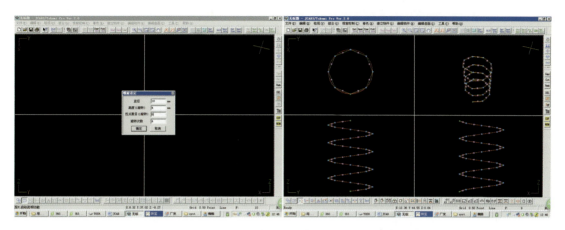

图 4-11　按 F10 键,点击"曲线"命令可编辑一条螺旋形线

第三节　编辑曲线

单击"浮动控制条"上的"编辑曲线"命令可对曲线进行编辑,黄色点为移动控制点,蓝色点为曲线控制点,绿色点为折线控制点,红色点为插入控制点。按 Shift 键并单击黄色控制点可进行曲线/折线切换。按 Ctrl 键并单击蓝/绿色控制点可增加控制点进行一起拖动。鼠标左键拖动,右键结束(图 4-12)。

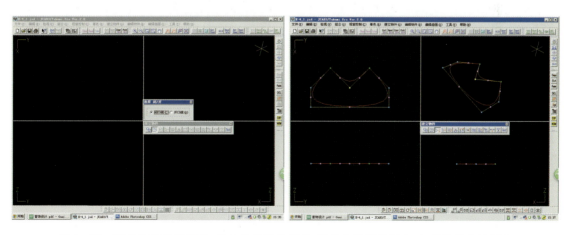

图 4-12　黄色为移动控制点,蓝色为曲线控制点,绿色为折线控制点,红色为插入控制点

第四节 扫成体

"扫成体"是把二维的线扫成三维物体,两点扫成体可设置分割数,闭口线扫成实心体,开口线扫成空心体(图4-13)。

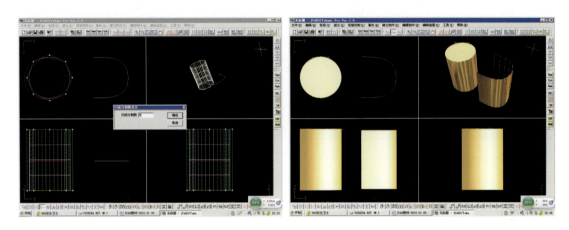

图4-13 二维线段扫成体

同样的"闭口线"可以扫成空心面体。空心体扫成按F5键,然后按"浮动工具条"上的"扫成体"命令,这样画出来的物体是"空心面体",可在"曲面厚度"命令上设置参数,添加空心体内的厚度(图4-14)。

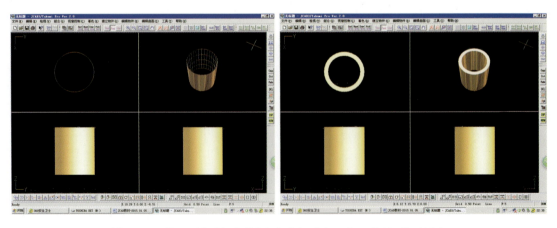

图4-14 按F5键,"扫成体"命令会扫成空心体,可添加曲面厚度

"伸展体"是把二维线在扫成体过程中,不改变横截面的大小。操作先按F7键,后按"浮动工具条"上的"扫成体"命令,进行扫成体(图4-15)。

在"扫成体"分割数的参数越多弯曲得越圆,反之则越方(图4-16)。

第四章 建立物件操作命令分解 · 45 ·

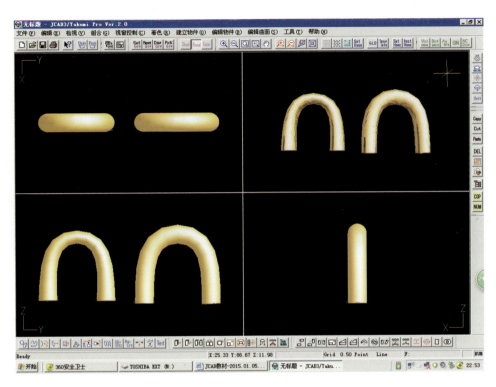

图 4-15 没有设置伸展体扫成体和设置伸展模式 F7 键扫成体比较

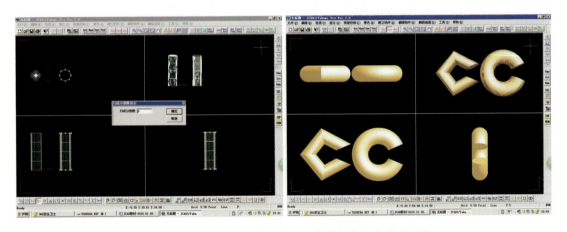

图 4-16 扫成体 0 的分割数和 8 的分割数在弯曲时比较

第五节 旋 转 体

在视图中用"开口线"建立一条花瓶的外形弧线，按"浮动工具条"上的"旋转体"命令，先设置选择分割数,一般为8,可以画圆形体积,再单击鼠标左键,确定花瓶的半径点,拖动鼠标旋转,半径点选在离物体越远瓶口越大,反之则越小(图4-17)。

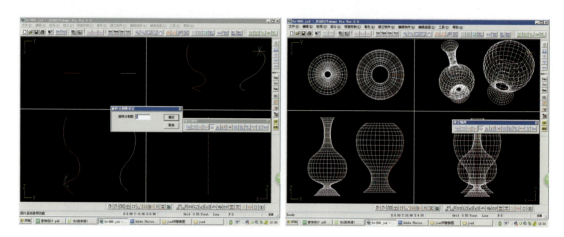

图4-17 旋转分割数一般设置为8,可以画围绕中心点的圆形体积

在视图中用"闭口线"建立一个碗的截面图形,按"浮动工具条"上的"旋转体"命令,半径点选在碗截面的一边旋转成一个碗体(图4-18)。

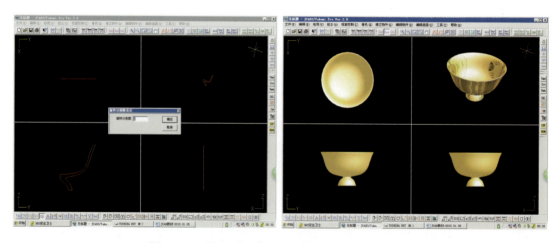

图4-18 "闭口线"建立碗的截面旋转成一个碗体

在视图中用"开口线"建立一个酒瓶一边曲线,直接旋转为实心体,如按F5键旋转成空心体,如按"参数模式",再按"浮动工具条"上的"旋转体"命令,参数设置为180,旋转体成半个酒瓶(图4-19)。

第四章 建立物件操作命令分解 · 47 ·

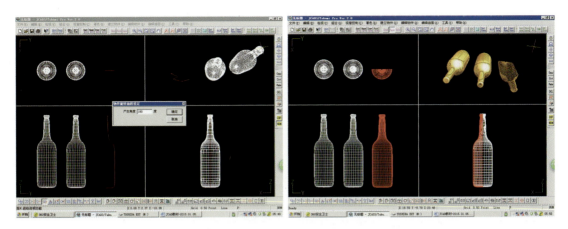

图 4-19 参数设置为 180，旋转体成半个酒瓶

第六节 锥体

在视图中建立圆形、方形、五角形线。按"浮动工具条"上的"锥体"命令完成锥体的三维建模，如五角形锥体，按蓝色点移动来确定五角星锥体高度，如先按 F5 键，可建立空心体（图 4-20）。

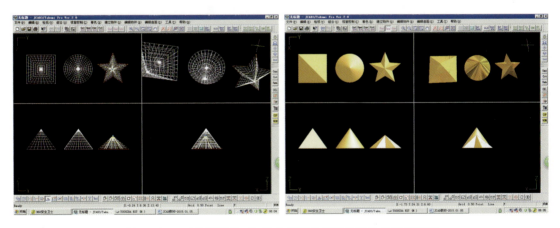

图 4-20 五角形锥体，按蓝色点移动来确定五角星锥体高度

第七节 指定部分

先用"开口线"命令在视图中画一条螺旋形曲线，再用"闭口线"命令画一个小圆形线和一个稍大圆形线。选中螺旋形曲线，点击"浮动工具条"上的"指定部分"命令，先点击小圆形，选

中并点击螺旋线最内的点,变红色,再次选中稍大圆形并点击螺旋曲线最外的控制点,变红色,单击鼠标右键完成螺旋线的三维指定建模(图4-21)。

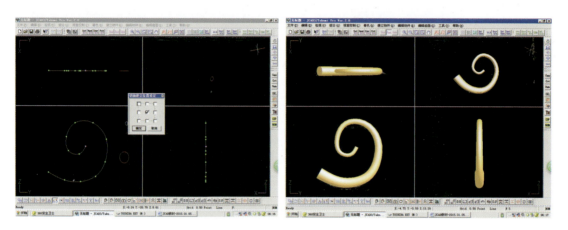

图4-21 "指定部分"螺旋线的两端选择大小圆的三维指定部分建模

画两条同样的曲线,选中一条点击"指定部分"命令,系统指定跳出对话框,有两个选择:环形物和旋转形物。如选择环形物建立三维如图4-22左面形状,如选择旋转形物如图4-22右面形状。操作过程无论选择哪种设置,单击后曲线会反映曲线上所有的控制点呈蓝色,单击鼠标右键完成指定部分建模(图4-22)。

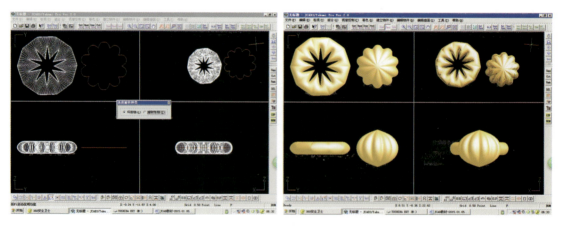

图4-22 "指定部分"环形物和旋转形物的三维建模

第八节 线段合成面

用"闭口线"在视图中画一个小圆作为截面线,再画几段无论开口曲线或闭口曲线作为路径。选中小圆截面线,点击"浮动工具条"上的"线段合成面"命令,小圆形截面线的颜色变灰。再选中几段路径曲线,点击"线段合成面"命令,系统自动弹出对话框选择是否旋转小圆形的

第四章 建立物件操作命令分解

线,如旋转"是"物体的截面就旋转,如旋转"否"就完成三维建模(图4-23)。

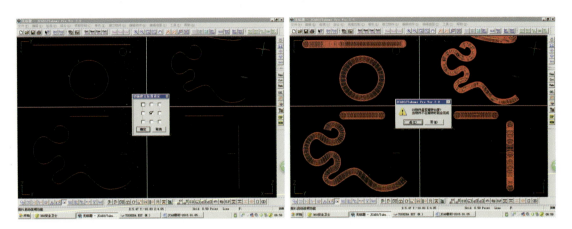

图4-23 "线段合成面"完成三维建模

如先按F5键,会建立空心体的线段合成面的三维建模,操作过程先选择截面线单击"线段合成面"命令变灰,后选中路径线,再点击"浮动工具条"上的"线段合成面"命令,并选择是否旋转截面线,单击"否"完成"线段合成面"三维建模(图4-24)。

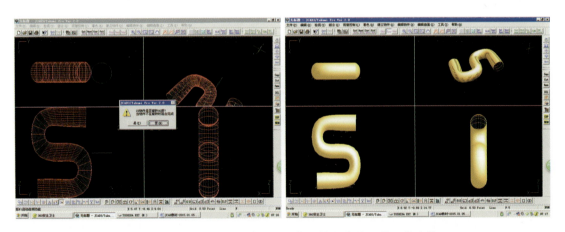

图4-24 按F5键,会建立空心体的线段合成面的三维建模

第九节 多切面合成

用"闭口线"在视图中画3个半径不等的圆,放于适当的位置,点击"浮动工具条"上的"多切面合成"命令。这时3个圆形的线结合成一个图形的三维建模(图4-25)。

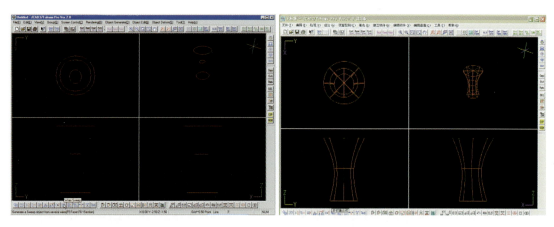

图4-25 "多切面合成"可以把多个形状线结合成一个图形的三维建模

第十节 螺旋

螺旋体的操作是先选择画好的螺旋体的截面线,如选择半圆图形的线,点击"浮动工具条"上的"螺旋体"命令,在弹出的对话框里可以具体设置参数,点击"确定"完成螺旋体的操作(图4-26)。

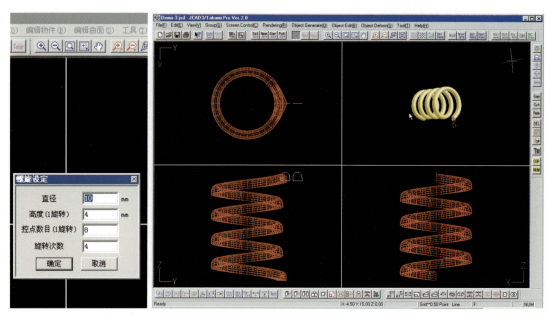

图4-26 选择截面线,单击"螺旋体"命令在对话框里设置参数点完成螺旋体

第十一节 再建造

"再建造"是把无法连接的物体进行重新设置连接,如操作中移动一个圆柱体,后发现无法与其他圆柱体连接,这时点击"浮动工具条"上的"再建造"命令,然后选中另几段柱体,按"连接"命令,就可以把间隔较大柱体也连接起来(图4-27)。

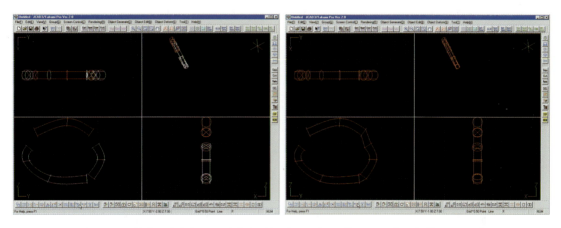

图4-27 单击"再建造后",单击"连接"就可以把此前无法连接的物体重新连接

第十二节 连接

点击"浮动工具条"上的"曲线"命令,用"开口线"编辑几段曲线,然后选中这些线段,点击"浮动工具条"上的"连接"命令,这几段曲线便连接起来了,按F5键,点击"浮动工具条"上的"连接"命令,这几段曲线便连接成了一个闭口线(图4-28)。

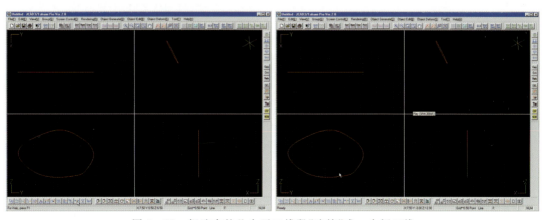

图4-28 把选中的几个开口线段"连接"成一个闭口线

第十三节　曲面厚度

建立两个圆形线,先按 F5 键,再按"浮动控制条"上的"扫成体"命令,拉动扫成一个空心柱体,按"浮动控制条"上的"曲面厚度"命令,输入厚度数值,正数值向内增加厚度,负数值向外增加厚度(图 4-29)。

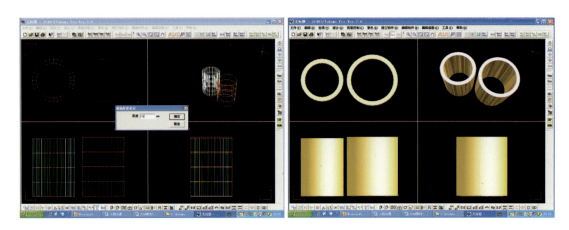

图 4-29　曲面厚度正数为向内增加厚度,负数为向外增加厚度

第十四节　文字

用"浮动控制条"上的"文字"命令,能进行文字的输入,设置文字大小间隔、厚度,按"确定"完成文字操作(图 4-30)。

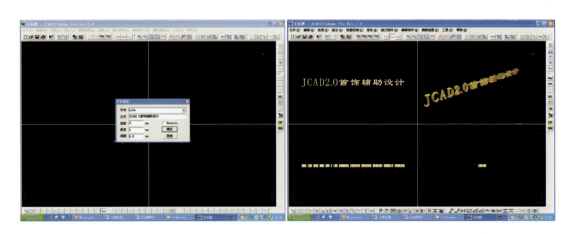

图 4-30　输入"文字",设置文字大小间隔、厚度,按"确定"完成文字操作

第五章　编辑物件操作命令分解

第一节　移 动

手动移动：

选择物体，呈红色，启动"移动"命令，按鼠标左键＋"拖动"移动物体。按 Ctrl 键＋"拖动"命令 90°，180°，45°方向移动物体。

"复制模式"＋"移动"命令可以复制物体（图 5-1）。

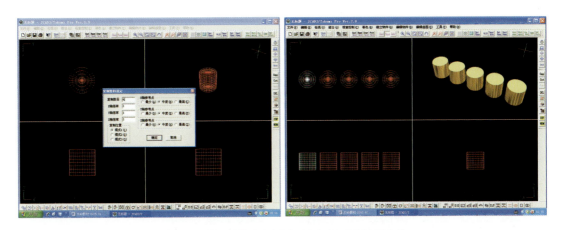

图 5-1　"复制模式"＋"移动"命令可以复制物体

参数移动：

选中物体，先点"浮动工具条"上的"参数（Num）"命令，点击"浮动工具条"上的"移动"命令，系统会出现一个对话框，设置移动的位置、方向、距离。物体会根据用户所需要的数值进行移动（图 5-2）。

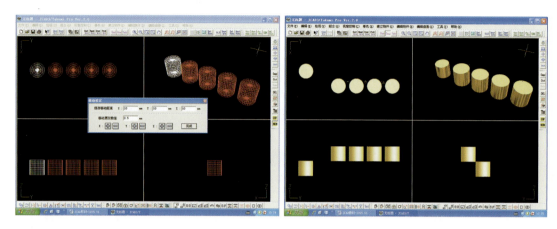

图5-2 "参数+移动"设置移动的方向、距离,物体根据数值进行移动

第二节 旋转

选中物体,点击"浮动工具条"上的"旋转"命令,在视图中选择旋转的半径点,物体会根据用户所需进行旋转,如按"参数"和"复制"命令,再按"旋转"命令,并点击半径点,系统会弹出对话框进行设置,设置完成后,按"确定"完成复制旋转操作(图5-3)。

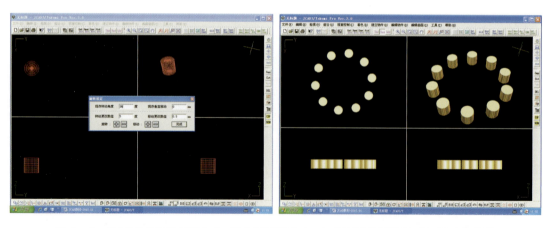

图5-3 按"参数"和"复制"命令,再按"旋转"命令,在对话框进行设置可复制对称旋转

第三节 镜像

选中物体,点击"浮动工具条"上的"镜像"命令,选择镜像半径点,物体会根据用户的需要进

行镜像,如先按"复制"模式,后按"镜像"命令,再选择镜像半径点,物体会镜像复制(图5-4)。

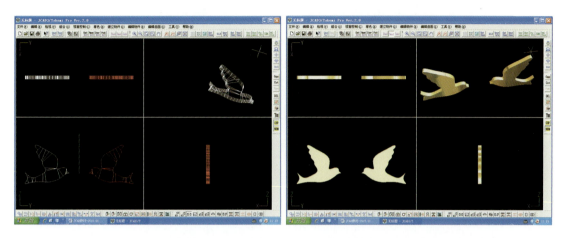

图5-4 先按"复制"模式,后按"镜像"命令,再选择镜像半径点,物体会镜像复制

第四节 缩放

先用"浮动工具条"上的"基本物体"命令建立一个长方体。选中长方体后,点击"浮动工具条"上的"缩放[顶点]"命令,点击9个蓝色控制点的其中一个点作为定位点,拉动定位点以外的8个点的任意一点,然后拖动点可放大缩小长方体,若先按"浮动工具条"上的"参数模式"命令,物体会在所需的方向上大小变化,可以更为精确地缩放、拉伸物体(图5-5)。

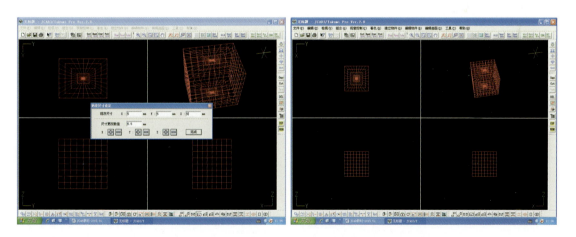

图5-5 若先按"参数模式"命令,则可以更为精确地缩放物体

第五节　更改尺寸(直线)

选中长方体,点击"浮动工具条"上的"更改尺寸[直线]"命令。在长方体上呈绿色控制点,拖动绿色点至自定位置,呈蓝色线。单击蓝色控制点移动,完成局部直线修改三维图形(图5-6)。

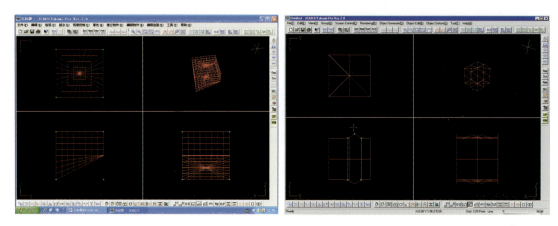

图5-6　"更改尺寸[直线]"命令完成局部直线修改三维图形

第六节　更改尺寸(曲线)

另一种改变物体局部的操作,选中物体点击"参数模式"命令,按"更改尺寸[曲线]"命令,设置控制点数为6,并对6个控制点进行拖动,便可进行曲线式调整物体局部(图5-7)。

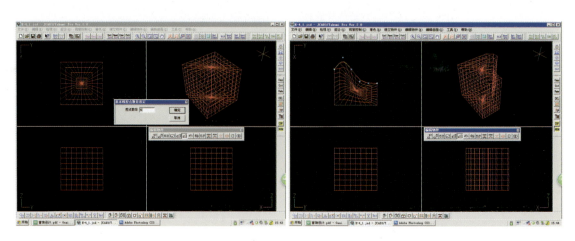

图5-7　对6个控制点进行拖动,便可进行曲线式调整物体局部

第七节 弯 曲

选中物体,点击"浮动工具条"上的"弯曲"命令,单击中心蓝点并拖动控制点,朝上拖动弯曲或朝下拖动弯曲(图5-8)。

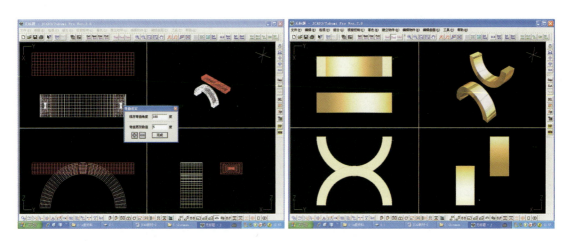

图5-8 "弯曲"命令单击中心蓝色控制点并拖动,拖动方向朝上或朝下弯曲

局部弯曲:选中物体,点击"浮动工具条"上的"弯曲"命令,单击最边上绿点并拖动需要弯曲的位置,单击两个绿色控制点中间的蓝色控制点,拖动弯曲,形成一边弯曲一边不弯曲的图形(图5-9)。

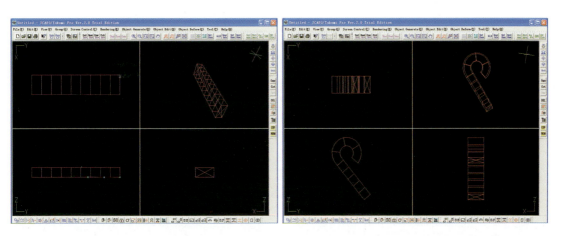

图5-9 局部弯曲单击蓝色控制点,拖动一边并弯曲成需弯曲的三维建模

第八节 物件扭转

选中物体,点击"浮动工具条"上的"物件扭转"命令,点击蓝色控制点,鼠标左键不放进行扭转,完成物件扭转(图5-10)。

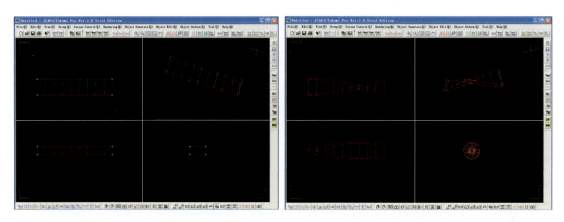

图5-10 "物件扭转"点击蓝色控制点,鼠标左键不放进行扭转

第九节 剪开

选中物体,点击"浮动工具条"上的"剪开"命令,单击边缘蓝点可对物体进行倾斜操作(图5-11)。

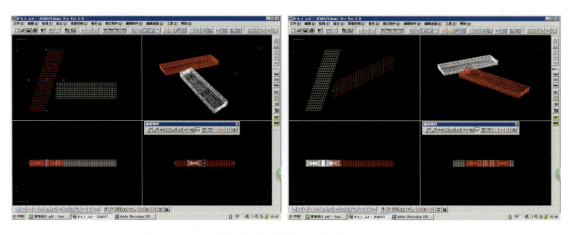

图5-11 "剪开"命令单击蓝点可对物体进行倾斜操作

第十节　编辑基本曲线

先在视图中建立一颗圆钻,然后用"复制"和"移动"命令复制一列钻石。用"开口曲线"命令在视图中各画一条开口曲线。选取视图中的开口曲线,先点击"浮动工具条"中的"编辑基本曲线"命令,后选中一列钻石,再点击"编辑基本曲线"。在一列钻石中拉出一条直线,单击鼠标右键完成钻石在曲线上排列的位置,钻石列就会按曲线方向弯曲排列(图5-12)。

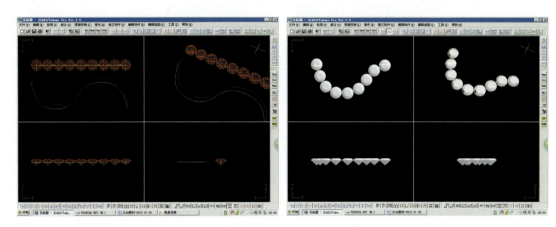

图5-12　曲线用"编辑基本曲线"后在钻石中间拉出一条直线完成曲线排列

第十一节　编辑基本曲面

先在视图中建立一颗圆钻,然后用"复制"和"移动"命令复制一列钻石,再用"复制"和"移动"命令复制一面钻石(图5-13)。

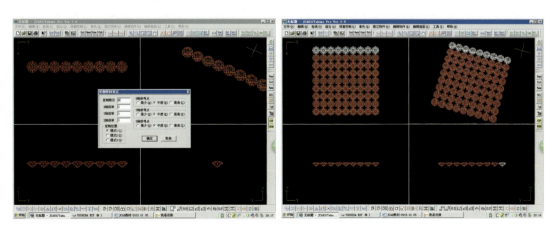

图5-13　用"复制"和"移动"命令复制整面钻石

用"开口曲线"命令在视图中画一条曲线,点取视图中的曲线,点击"浮动工具条"上的"扫成体"命令,"切面建立位置设定"为居中扫成曲面体(图5-14)。

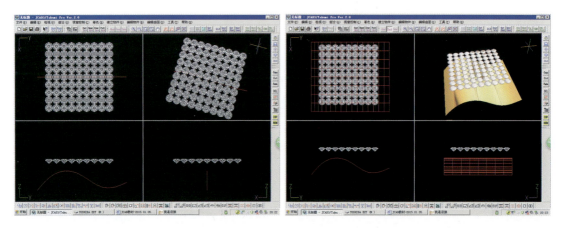

图5-14 "曲线"画开口曲线,选取曲线"扫成体"命令扫成曲面体

先选中曲面,点击"浮动工具条"上的"编辑基本曲面",曲面变成灰色。后选取钻石列,点击"浮动工具条"上的"编辑基本曲面",钻石自动贴着曲面弧度排列(图5-15)。

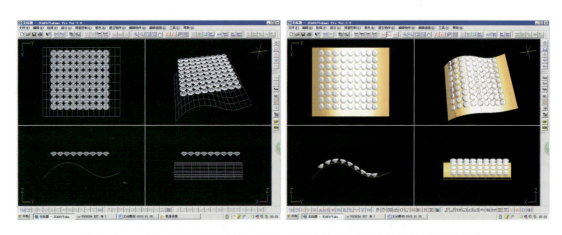

图5-15 选曲面点击"编辑基本曲面"后选钻石,钻石自动贴着曲面弧度排列

第十二节　编辑基本线

在视图中画一列钻石,单击"参数模式",选中钻石列后点击"浮动工具条"上的"编辑基本线",在视图中沿钻石列拉出一条直线,系统弹出对话框设置控点数目,选中蓝色控点移动,便可对钻石列进行弯曲移动操作(图5-16)。

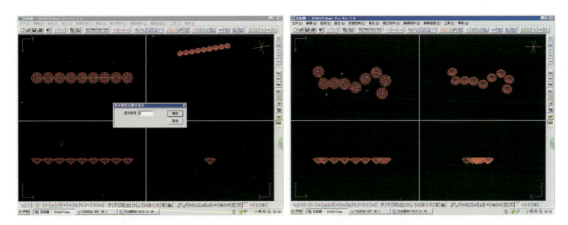

图5-16 选钻石列和此命令拉出一条直线,设置控点数目,移动蓝色控制点

第十三节 编辑基本圈

选中围绕圆形的物体,按F5键,点击"浮动工具条"上的"编辑基本圈"。在视图中沿绕圆形的物体拉出一圆圈线,点击蓝点拖动出圆圈线至合适大小,物体会跟随圆圈大小而变化(图5-17)。

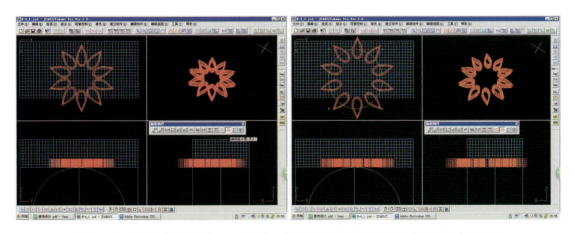

图5-17 "编辑基本圈"拉出一圆圈线,点击蓝点拖动,物体会跟随圆圈大小而变化

第十四节 平面切割

用"浮动工具条"上的"基本物体"命令建立一个圆球体。按"浮动控制条"上的"平面切割"

命令，Ctrl 键＋拖动，在 90°，180°，45°方向切割。弹出对话框后选择是否进行平面切割，点击"OK"，完成切割，再点击"浮动工具条"上的"移动"命令，被切割下的物体移动出原来的物体（图 5－18）。

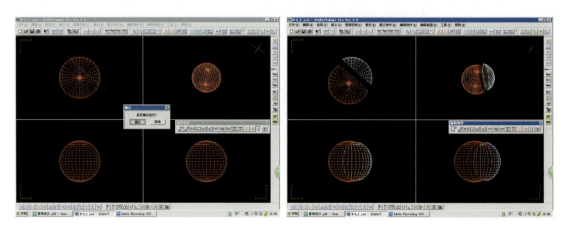

图 5－18　"平面切割"弹出对话框后选择是否进行平面切割，点击"OK"，完成切割

第十五节　运算切合

运算切合（布尔运算）：3 种模式，A－B、A＋B、AB 相交。

先用"浮动工具条"上的"基本物体"命令建立一个圆球体和一个方体。先选中一个物体，按"浮动工具条"上的"运算切合"命令，选定的物体呈灰色显示，被记录为 A（图 5－19）。选择另一物体为 B，呈红色显示，再按"浮动工具条"上的"运算切合"键，弹出对话框，选择运算切合模式，有 A－B、A＋B、AB 相交 3 种模式可以选择，点击一种模式完成操作，例如 A－B 模式（图 5－20）。

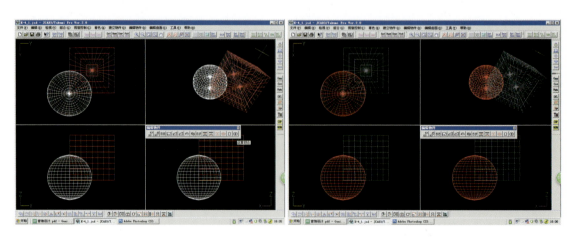

图 5－19　建立一个球体和一个方体进行运算切合并选择 3 种模式

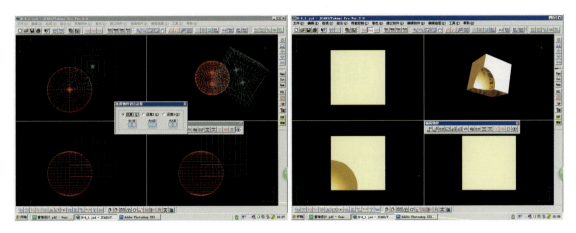

图 5-20　3 种模式：$A-B$、$A+B$、AB 相交，点击一种模式完成操作

第六章 编辑曲面操作命令分解

第一节 移动控制点

先建立一个长方体,点击"浮动工具条"上的"移动控制点"命令,物体会在视图中出现较多的控制点,选取一个或多个点,呈黄色便可进行拖动、拉伸等操作(图6-1)。

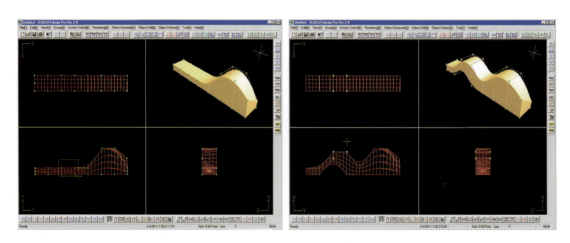

图6-1 "移动控制点"选取一个或多个点,呈黄色便可进行拖动、拉伸等操作

一、F5键的功能

先按F5键,再点击"浮动工具条"上的"移动控制点"命令,视图中的物体会保持目前的形状,反之回到初始扫成体状态(图6-2)。

二、F7键的功能

按F7键,再点击"浮动工具条"上的"移动控制点"命令,在视图中点击会出现一条对称线呈绿色,然后选取对称线物体两边的控制点进行拖动、拉伸操作,可以发现物体是左右对称变化的(图 6-3)。

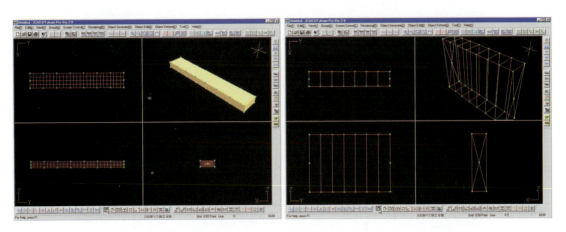

图 6-2 先按 F5 键选择物体会保持目前的形状,反之回到初始扫成体状态

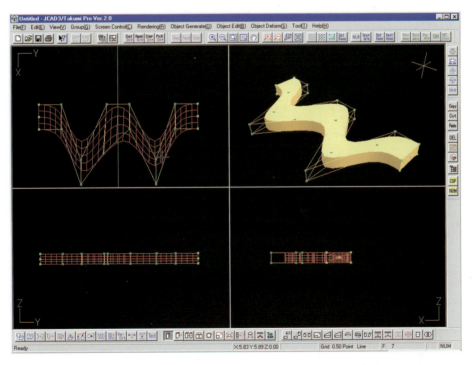

图 6-3 按 F7 键,点击"移动控制点"命令选取物体两边控制点进行左右对称操作

三、F8 键的功能

按 F8 键,再点击"浮动工具条"上的"移动控制点"命令,在视图中点击出现两条十字对称线,然后选取点进行拖动、拉伸操作,可以发现物体是上下左右一起变化的(图 6-4)。

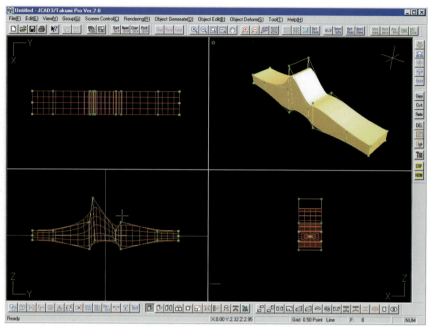

图 6-4 按 F8 键,点击"移动控制点"命令,出现十字对称线,移动点进行上下左右变化

四、F9 键的功能

按 F9 键,再点击"浮动工具条"上的"移动控制点"命令,在视图中点击出现绿点,然后选取控制点进行拖动操作,物体的控制点如橡皮筋般移动变化(图 6-5)。

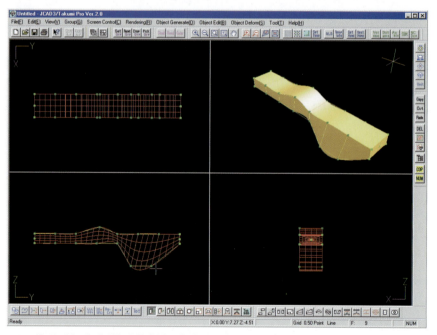

图 6-5 按 F9 键,点击"移动控制点"命令选取控制点,物体的控制点如橡皮筋般移动变化

第二节 移动控制面/列

选中长方体,点击"浮动工具条"上的"移动控制面/列",然后选取一点或几点进行拖动、拉伸操作。此时物体是上下一起变化的,是面的变化(图6-6)。

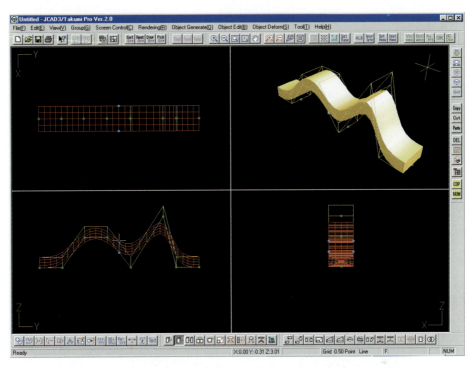

图6-6 "移动控制面/列",选取控制点进行拖动改变面的造型

第三节 插入控制面/列

"插入控制面/列"可以插入多个控制点,先在建好的物体上用"浮动工具条"上的"插入控制面/列"命令用于添加控制点。选中物体,单击"插入控制面/列"命令,在绿色控制点上单击,绿色点增加一个控制点,然后需要几个就插入几个(图6-7)。

第四节 旋转线段

"浮动工具条"上的"旋转线段"命令用于转动线条。选中物体,单击"转动线条"命令,然后在需要进行细微调整的地方单击粉红点拖动,便可对物体进行局部旋转操作(图6-8)。

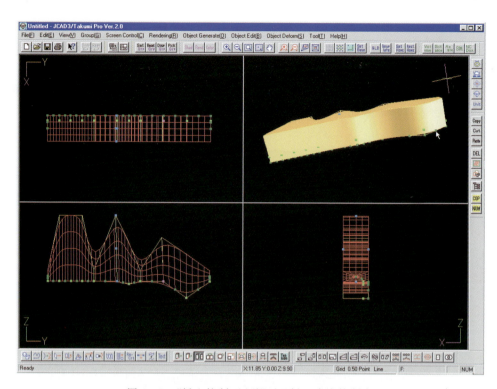

图6-7 "插入控制面/列"可以插入多个控制点

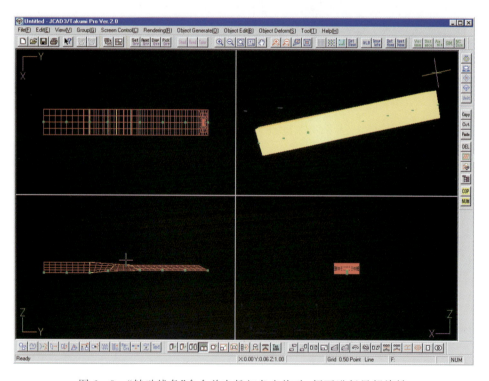

图6-8 "转动线条"命令单击粉红色点拖动,便可进行局部旋转

第五节　扭转

先用"浮动工具条"上的"曲线"命令建立一个长方形,再用"浮动工具条"上的"扫成体"命令建立一个长方体。选中长方体后点击"浮动工具条"上的"扭转"命令,点击绿色点确定扭转部位,点击蓝色点进行扭转(图6-9)。

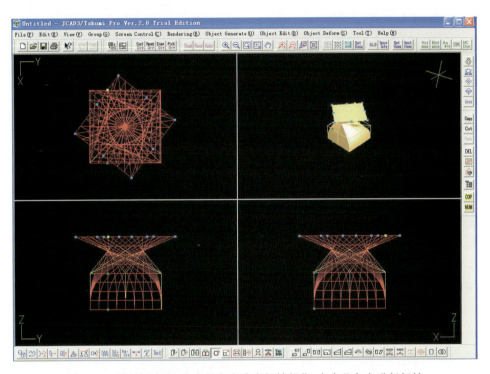

图6-9　"扭转"命令,点击绿色点确定扭转部位,点击蓝色点进行扭转

第六节　扩大/缩小

先建立一个长方体,选中物体,按"浮动控制条"上的"扩大/缩小"命令,选定参考点锁定中心后选择拖动方向,单击绿色段面控制点(选择其中一点),点击蓝色点截面控制点拖动,鼠标右键结束命令(图6-10)。

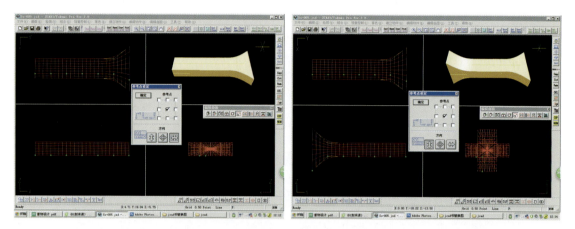

图6-10 "扩大/缩小"设置段面控制点,点击蓝色点控制点拖动改变局部造型

第七节 编辑控制面

在视图中用"闭口线"建立一个方形。然后按"浮动工具条"上的"扫成体"命令,建立一个方体(图6-11),选择物体,按"浮动控制条"上的"编辑控制面"命令,单击绿色分割段面控制点进行移动操作,在一个面上修改图形,配合 Shift 和 Ctrl 移动和折线/曲线转换,鼠标右键结束命令(图6-12)。

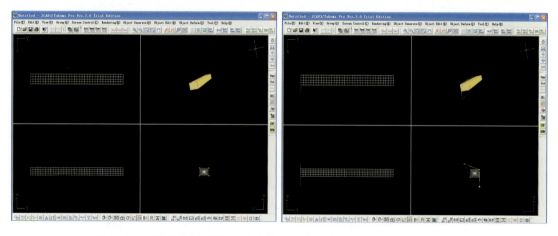

图6-11 "编辑控制面"可以在方体上的某一个面上进行图形形状的修改

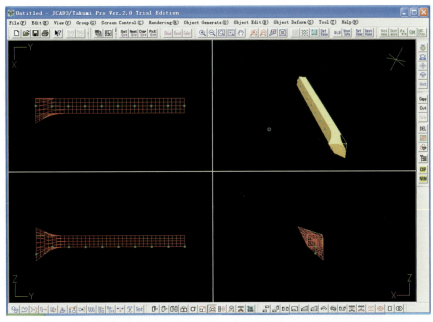

图 6-12 "编辑控制面"命令单击绿色分割段面控制点移动改变图形形状

第八节 控制面移动

先选中物体并单击"浮动工具条"上的"控制面移动"命令,用于物体控制面整体移动,然后在需要进行调整的控制点(呈绿色点)单击并移动控制点,便可对物体的控制面进行移动操作(图 6-13)。

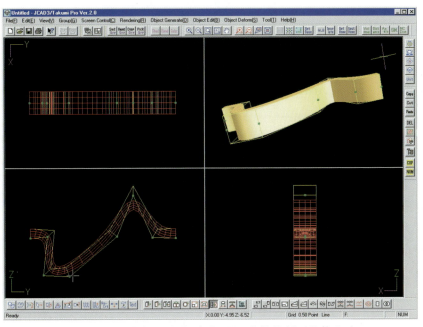

图 6-13 "控制面移动"命令,用于物体控制面整体移动

第九节　编辑基本曲线

"编辑基本曲线(控制点)"命令用于编辑基本曲线。选中一条曲线,单击"编辑基本曲线(控制点)"命令,线条颜色变灰,然后再选中一排物体,再按"编辑基本曲线(控制点)"命令,一排物体的顶端呈现很多个蓝色控制点,全选物体的顶端上的一排蓝色点,单击鼠标右键完成操作,一排物体的顶端会沿着刚画的曲线弧度排列(图6-14)。

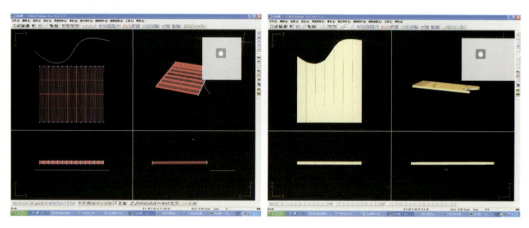

图6-14　"编辑基本曲线(控制点)"一排物体的顶端会沿着曲线弧度排列

第十节　编辑基本曲面

先选中一个曲面体,呈红色,后按"浮动工具条"上的"编辑基本曲面(控制点)",曲面颜色变灰。再选中上面一个圆饼体,颜色呈红色,最后按"浮动工具条"上的"编辑基本曲面(控制点)"。圆饼物体自动贴着曲面变形,完成操作(图6-15)。

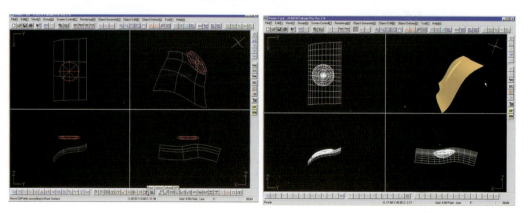

图6-15　"编辑基本曲面(控制点)"可以在两个曲面之间进行贴合

第十一节　张力设定

张力系数是进行曲面编辑,是能够显示并给其他控制点带来影响效果的数据(图6-16)。

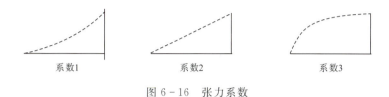

图6-16　张力系数

先选中一个长方体,再按"浮动控制条"上的"张力设定"命令,设置张力系数,排列限制打钩确定,例如选"1"打钩,再框拉出线框选需张力的控制点,线框内选择的控制点呈绿色。单击移动控制点命令,选择控制点呈黄色拖动,选择线框内控制点跟着一起移动成内凹弧线(图6-17)。

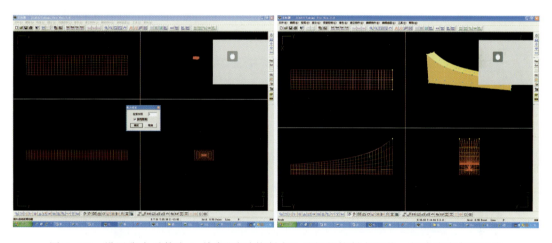

图6-17　设置张力系数为1,单击"移动控制点",选择的控制点跟着一起移动成内凹弧线

第七章　指环工具操作命令分解

指环工具栏由[指环]、[镶口]、[镶口调较]、[宝石]、[合成一体]组成。

第一节　[指环]对话框

(1)在 XZ 视图面建立半圆指环截面线(图 7-1)。

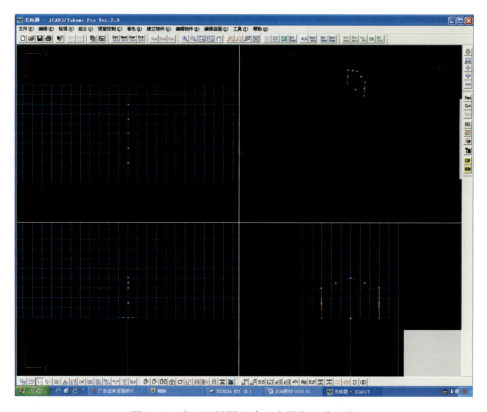

图 7-1　在 XZ 视图面建立半圆指环截面线

(2) YZ 面设定扫成指数扫成体。
(3) "指环"命令设定指环尺寸大小、两边距离,完成指环操作(图7-2)。

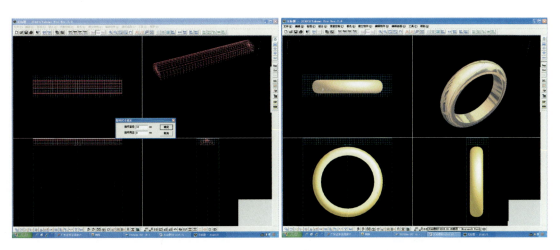

图7-2　"指环"命令设定指环尺寸、两边距离,完成操作

指环两边设置整数为开口、负数为重叠,开口在格箱下方,如需翻转,单击"镜像"命令或"旋转"命令(图7-3)。

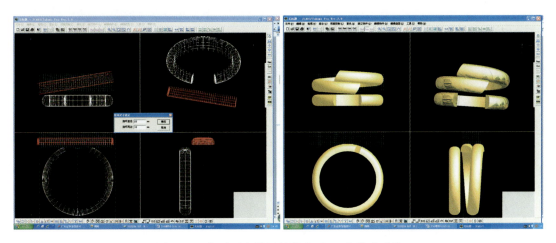

图7-3　指环两边设置整数为开口、负数为重叠

第二节　[镶口]对话框

(1) $z-y$ 视图上建立一个镶口截面闭口曲线(图7-4)。
(2) 打开"镶口"命令,选择镶口圆形、椭圆形、方形3种模式中的一种。

(3)如选择圆形会弹出对话框,进行爪数设定、爪长设定、爪直径设定,设置完后,按"确定",在 $x-y$ 视图中出现一个带 4 个蓝点的圆镶口,拖动蓝色控制点至合适大小,单击鼠标右键结束操作(图7-5)。

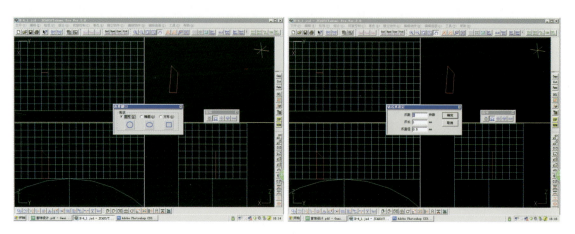

图7-4　在 $z-y$ 视图上建立一个镶口截面闭口曲线

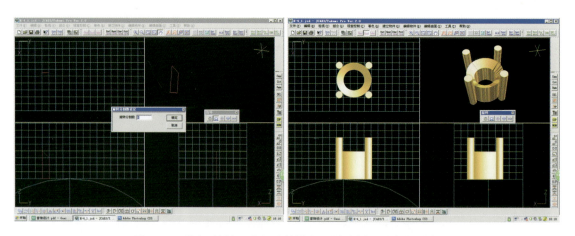

图7-5　弹出对话框,进行爪数设定、爪长设定、爪直径设定

(4)如选择椭圆形,在 $x-y$ 视图中出现一个带 4 个蓝点的圆形镶口,拖动蓝点可改变椭圆形大小和长宽之比,拖动至合适大小,单击鼠标右键结束操作(图7-6)。

(5)如选择方形,在 $x-y$ 视图中出现一个带 4 个蓝点和 8 个绿点的四方形镶口,单击蓝点可改变四方形镶口大小和长宽之比(图7-7),单击绿点可改变方形的 4 个角斜率,拖动形成祖母绿型的镶口,单击鼠标右键结束命令完成祖母绿镶口(图7-8)。

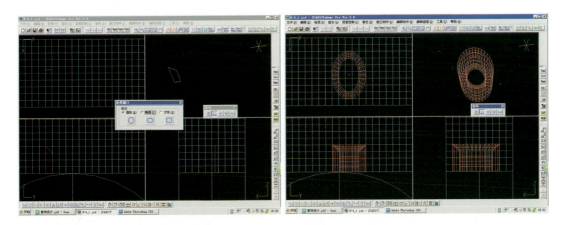

图 7-6　选择椭圆形,拖动蓝色控制点可改变椭圆形大小

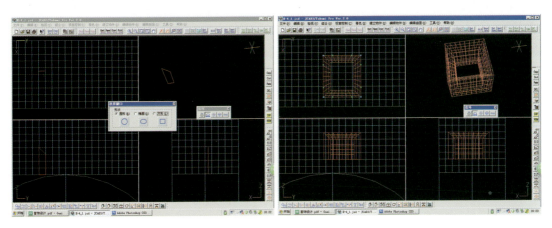

图 7-7　方形带 4 个蓝点和 8 个绿点,单击蓝点可改变四方形镶口大小和长宽之比

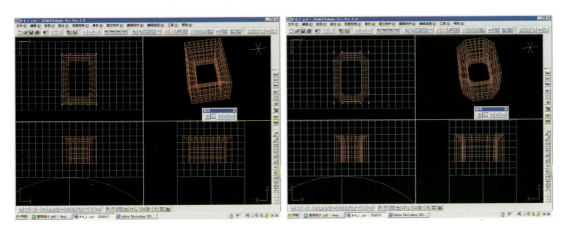

图 7-8　单击绿点可改变 4 个角斜率,单击鼠标右键结束命令完成祖母绿镶口

第三节 [镶口调较]对话框

(1)选择一个做好的镶口。
(2)打开"镶口调较"命令,设定调较角度和调较数目(图7-9)。

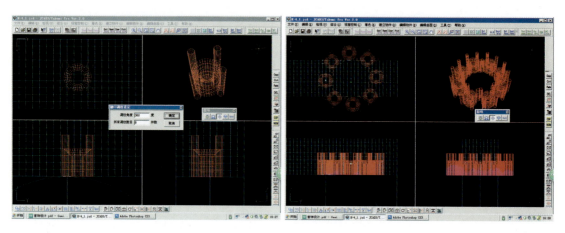

图7-9 "镶口调较"命令,设定调较角度和调较数目

(3)在$x-y$视图中选择一个中心单击,出现设定的数目物件,在$x-y$视图中出现一个蓝点、一个绿点和一个青色点。蓝点为中心点,绿点为围着中心点旋转,青色点是物件与中心点的距离,拖动会产生以上变化,在$z-y$视图中出现一个明亮绿点,拖动它,每个物件会产生一定的角度(图7-10)。

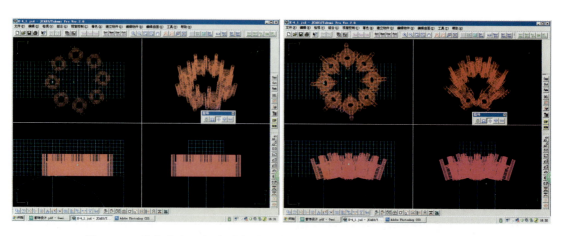

图7-10 蓝点为中心点,绿点围中心旋转,青点是中心距离,明亮绿点是角度

第四节 [宝石]对话框

启动"宝石"命令,会弹出选择宝石的菜单栏,选择完后,宝石伴随蓝点出现,点住蓝点拖动可控制宝石大小,点击鼠标右键完成操作。

注:启动参数模式 NUM 后,再点击[宝石]对话框,将以宝石尺寸和高度设定取代手动调整宝石大小(图7-11)。

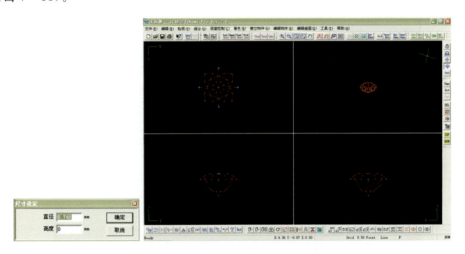

图7-11 选参数模式,点击[宝石]对话框,设定尺寸和高度

按选择宝石对话框顺序排列宝石见图7-12。

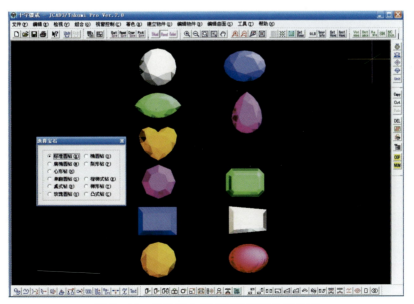

图7-12 按选择宝石对话框顺序排列宝石

第五节 [合成一体]对话框 Unit

在设计首饰部件时,为方便操作,需要把某些部件合成一个整体,这时需用到此对话框。选中欲合为一体的所有部件,点击此对话框即可。要取消合成,按 F5 键,再点击此对话框。

合成前,单击镶口的效果见图 7-13。

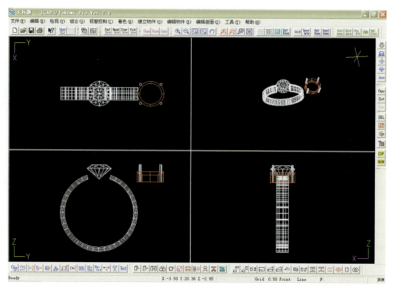

图 7-13 合成前,单击镶口的效果

合成后,单击镶口的效果见图 7-14。

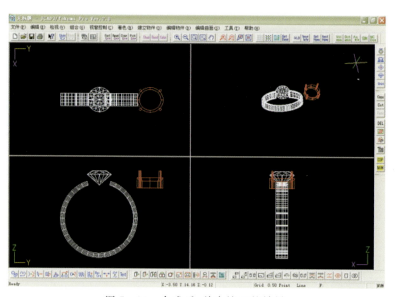

图 7-14 合成后,单击镶口的效果

第八章　戒圈合成实训

第一节　学习任务和目的

通过首饰部件合成学习使学生掌握基本的首饰戒脚零部件操作方法,为首饰的综合设计打下坚实的基础,并要求学生能熟练运用JCAD软件中的各种操作命令,在格箱界面环境中完成戒圈合成操作。

选择格箱后,在 $x-z$ 侧视图上进行戒指截面曲线编辑,在"建立物件工具条"中"扫成体"使二维曲线变三维立体,并在"编辑物件"和"编辑曲面"命令进行部分造型修改,最后在"指环工具条"中设定指环尺寸和两边完成戒圈。开叉式戒脚可利用"曲面编辑扩大/缩小"和"控制面移动"命令修改。曲线形戒圈同样用编辑曲面方法完成,腰围戒指通过腰部来支撑宝石、金属等,使戒指产生腰形,腰围形戒圈可分为包脚戒指和撑挡戒指。

第二节　操作方法与步骤

一、半圆形戒圈操作

用"闭口曲线"命令在 $x-z$ 视图中画一个半圆形戒圈截面。并编辑曲线进行调整,在 $x-y$ 或 $y-z$ 视图上扫成体,扫成分割数为8。设置"指环"命令的直径尺寸和开口大小,完成操作(图8-1)。

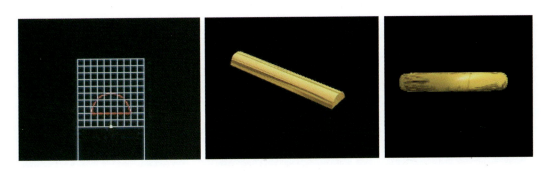

图8-1　用半圆形曲线扫成体设置"指环"命令、直径尺寸和指环两边大小

"指环"命令中的指环两边正数为开口,正数越大,开口越大;负数为重合,负数越大,重合越大。

二、开叉式戒脚步骤

开叉式戒脚是由两个戒圈合成,首先用同上的方法把戒圈的截面曲线扫成体,接着对扫成体进行曲面编辑,用"曲面扩大/缩小"和"控制面移动"命令修改(图8-2),用"指环"命令完成一个戒圈,然后用"镜像""复制"组合命令完成开叉式戒脚(图8-3)。

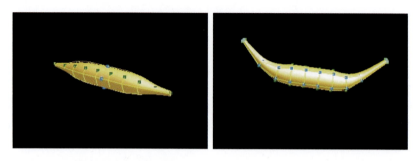

8-2 对扫成体进行曲面编辑,用"曲面扩大/缩小"和"控制面移动"命令修改

图8-3 用"镜像""复制"组合命令完成开叉式戒脚

三、线形戒圈操作

曲线形戒圈可以用两种方法完成:
(1)戒圈完成后,用"编辑曲面工具"中的"移动控制面"命令直接拖动至设计要求(图8-4)。

图8-4 用"编辑曲面工具"中的"移动控制面"命令直接拖动至设计要求

(2)扫成体后,用"编辑曲面"中的"扩大/缩小""移动曲面"等命令和"编辑物件"中的"弯曲""修改部分尺寸""旋转"等命令完成(图8-5)。

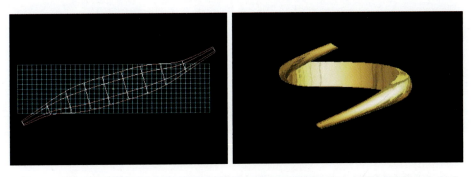

图8-5 用"编辑曲面"中的"扩大/缩小""移动曲面""修改部分尺寸""旋转"等命令完成

四、腰围形戒圈操作

(1)包脚戒指通过两边戒脚部件、中间部分和两边戒脚拼合起来完成装饰。在 $x-y$ 视图上画一段开口曲线。在 $y-z$ 视图扫成体并增加0.5mm厚度。在"编辑曲面"中用"扩大/缩小"命令并增加控制点操作(图8-6)。

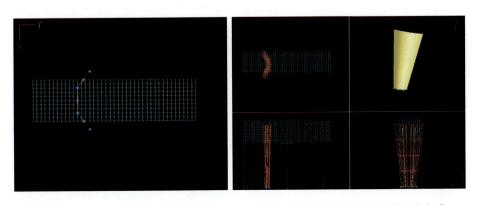

图8-6 在 $y-z$ 视图中扫成体添加0.5mm厚度,用"扩大/缩小"命令控制点操作

戒脚用"编辑物件"中的"弯曲"命令进行弯曲,然后用"复制镜像"命令完成戒脚操作(图8-7)。

画一个与戒面相同大小的椭圆形线,并编辑至戒面大小,以格箱1的范围大小,按F5键扫成空心体,并增加0.5mm厚度。新建一个圆柱体,在 $x-z$ 视图上旋转90°,用"编辑物件"的"缩放"命令至戒脚内直径大小,用"编辑物件"中的"运算切合"命令减去扫成椭圆空心体,完成戒指中间的拼接造型。戒面上建立另一个椭圆形线与戒面相同,按F5键扫成空心体并增加厚度形成宽度,完成基本包脚戒造型(图8-8)。

(2)撑挡戒指是利用两边或中间撑挡起支撑面镶口或固定面装饰件。先建模一个戒圈(参考戒圈合成),撑挡部分先建立长方体,用"弯曲"命令进行部分弯曲,建立一大一小的圆柱体,小的圆柱体放在大的圆柱体中间,建立两个小球物体,放在小的圆柱体的两边(戒圈的上边),用"编辑物件工具"调整撑挡与戒圈的位置完成操作(图8-9)。

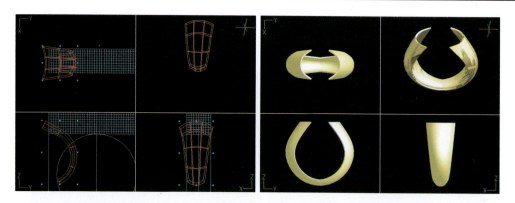

图 8-7 戒脚用"编辑物件"中的"弯曲"命令进行弯曲,后用"复制镜像"命令完成戒脚操作

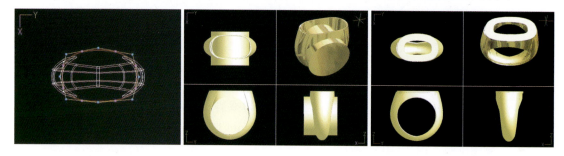

图 8-8 建立一个椭圆形线与戒面相同,按 F5 键扫成空心体并增加厚度形成宽度

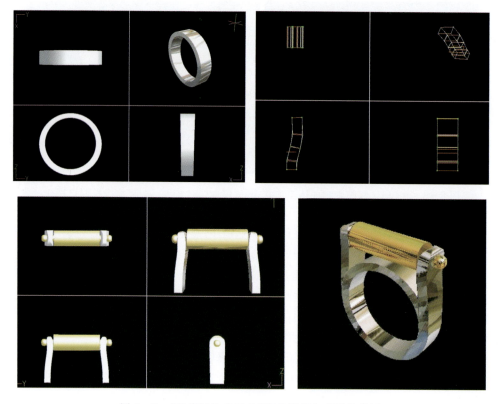

图 8-9 用"编辑物件工具"调整撑挡与戒圈的位置

本章练习

名称	基本要求	得分
完成 5 种不同截面戒圈	(1)线条流畅、截面清晰、比例合理 (2)与上面条件某项或两项不符	25 分 10 分
完成 2 个交叉式戒圈	(1)造型对称、形状规范 (2)与上面条件某项或两项不符	20 分 5 分
完成 3 个弧线形戒圈	(1)造型生动、美观流畅 (2)与上面条件某项或两项不符	25 分 10 分
完成 2 个腰围形戒圈	(1)戒圈与戒腰比例恰当、衔接弥缝 (2)与上面条件某项或两项不符	30 分 10 分

戒圈练习参考图见图 8-10。

图 8-10　戒圈练习参考图

思考题

戒圈有几种类型？每种戒圈的特点是什么？

第九章 镶口组合实训

第一节 学习任务和目的

通过首饰部件合成学习使学生掌握基本的首饰镶口零部件操作方法，为首饰的综合设计打下坚实的基础，要求学生能熟练运用JCAD软件中的各种操作命令，并在格箱界面环境中完成镶口合成操作。镶口分为包镶、齿镶、钉镶和爪镶。

包镶主要是用金属片圈住宝石的一种方法，一般比宝石尺寸大。包镶以宝石的形状可分为椭圆形、梨形、圆形、马眼形、祖母绿形、心形等。包镶一般用于较大颗粒宝石或单独的宝石。

齿镶大都由座台组成。座台可分透座台与实座台，实座台在CAD中较易生成。透座台操作与实座台操作前半段相同，后半段须用"复制移动"命令完成。心形、马眼形、方形、梨形须在透座台齿镶完成后，在座台移动控制面和爪的位置重新移动旋转至合适位置。

钉镶一般有二钉镶、三钉镶、一钉镶、密镶。钉镶是在金属凹面上的镶法。钉子一般在合适的排列后，建立几个小的点状物件，用移动工具放在宝石的边缘。然后选择一个单件进行复制移动完成操作。

爪镶一般用3种方法操作：①编辑曲面方法；②切合运算方法；③镶口调较方法。

第二节 学习的步骤

一、包镶操作步骤

在YZ视图上建立一个镶口剖面曲线。然后用"镶口"命令，在弹出的对话框中选择椭圆形，如要马眼形、心形、梨形，须在"镶口"命令操作前设置旋转分割数，一般数值为8。然后在"镶口"命令操作后，进行控制面移动，用Shift键配合完成造型(图9-1)。

画祖母绿和方形，须在镶口截面建立后，选择"镶口"命令中的方形。蓝点拖动改变大小，绿点拖动可改变一边对角的大小(图9-2)。

二、齿镶操作步骤

先建立一个镶口剖面的曲线，配合Shift键可直曲线转换。然后，在"镶口"命令中选择齿镶操作，设置爪长、爪直径，并在$x-y$视图中拖动蓝点改变大小尺寸，完成操作(图9-3)。

如需建立心形、马眼形、梨形等须在镶口齿镶建立完成后，选择台座进行曲面编辑，配合

第九章　镶口组合实训

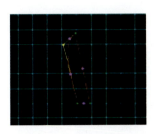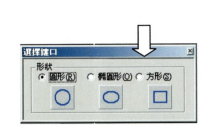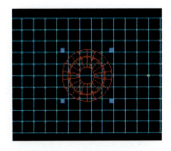

图 9-1　在弹出的对话框中选择椭圆形,设置旋转分割数为 8

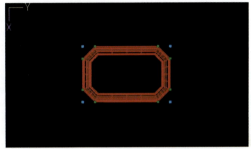

图 9-2　蓝点拖动改变大小,绿点拖动可改变一边对角的大小

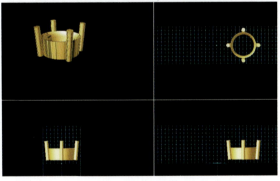

图 9-3　在"镶口"命令中选择齿镶操作,设置爪数、爪长、爪直径

Shift 键转换曲/折面控制点和拉伸控制点,最后用"编辑物件工具"调整齿爪位置。透座台操作在建立较短台座截面曲线后,应在"镶口"命令中设置较长爪长,然后选择台座用"复制移动"命令完成(图 9-4)。

三、钉镶操作步骤

钉镶应先建立一个立体底座造型物件,然后建立一系列同镶钻大小尺寸的造型物件,用"编辑物件"的"运算切合"进行挖空,放入大小合适的钻石后,建立小的球体后缩小至钉齿大小,用移动复制建立一颗钻石钉镶,最后用"复制移动"命令完成操作(图 9-5)。

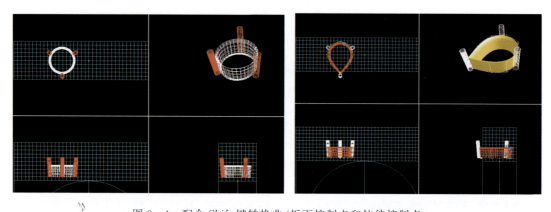

图 9-4　配合 Shift 键转换曲/折面控制点和拉伸控制点

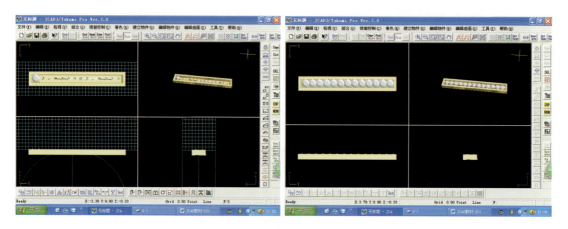

图 9-5　钉镶底座造型用"编辑物件"的"运算切合"进行挖空

四、槽镶操作步骤

先建立一个槽镶截面闭口曲线,然后选择"镶口"命令中的方形,在 $x-y$ 视图中拉出槽镶口大小,用"宝石"命令放一个圆钻,移动缩小至合适位置,复制移动一排钻石完成操作(图 9-6)。

五、爪镶操作步骤

爪镶操作一般用 3 种方法。

1. 编辑曲面方法

在 $y-z$ 视图上画一段镶口截面闭口曲线,设置旋转分割数为 18(图 9-7),用"旋转体"命令进行 360°扫成梯形柱体,用"移动控制点"命令选择控制点,按 Ctrl+鼠标左键点击控制点可增加控制点选择,选择前后一个控制点后,在 $x-y\backslash y-z\backslash$ 视图中进行拉伸至一定的高度和倾

第九章 镶口组合实训

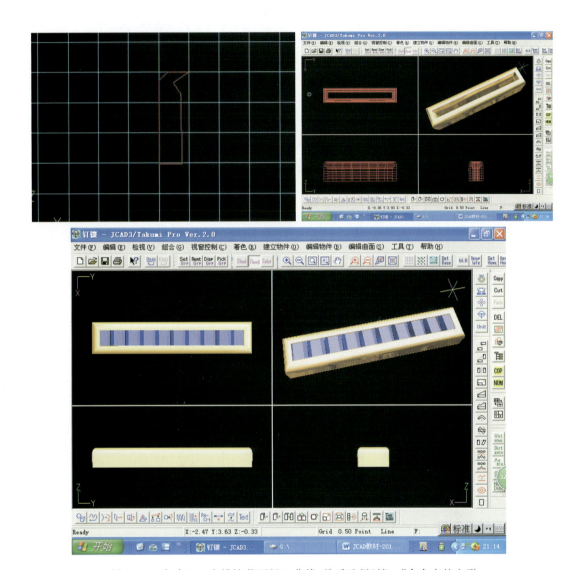

图9-6 先建立一个槽镶截面闭口曲线,然后选择"镶口"命令中的方形

斜度,并保持每个爪之间的角度(图9-8)(注意:在拉伸前打开显示基本线和量角器作为参考基准)。

2. 切合运算方法

在 $y-z$ 视图上画一段镶口截面的曲线,用"旋转体"命令进行360°扫成体(图9-9)。

建立一个圆锥体,用"移动"和"旋转"命令倾斜一定的角度并放置扫成体一边合适位置。打开"参数"命令,用"复制"和"旋转"命令,在 $x-y$ 视图中的圆锥体中间点击,设置参数60°,个数为6,完成旋转复制(图9-10)。

图9-7 在 $y-z$ 视图上画一段镶口截面闭口曲线,设置旋转分割数为18

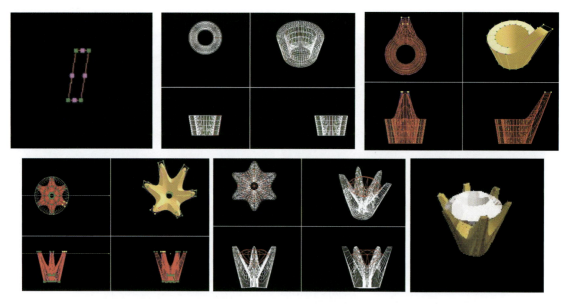

图9-8 用"移动控制点"命令,按Ctrl+鼠标左键点击控制点可增加控制点选择

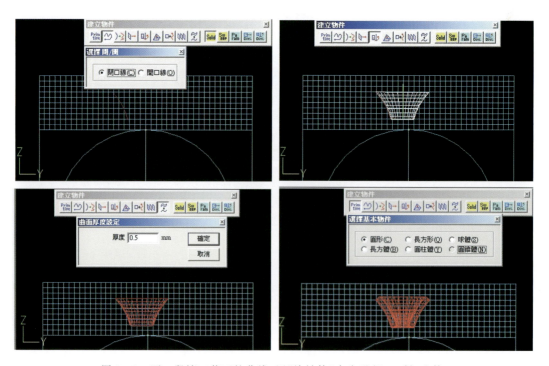

图9-9 画一段镶口截面的曲线,用"旋转体"命令进行360°扫成体

先选择扫成体,点击"运算切合"后变灰色,后选择6个锥体,再点击"运算切合",选择运算A-B模式,然后再选中扫成体,依次对每一个锥体进行运算切合,完成操作(图9-11)。

第九章 镶口组合实训

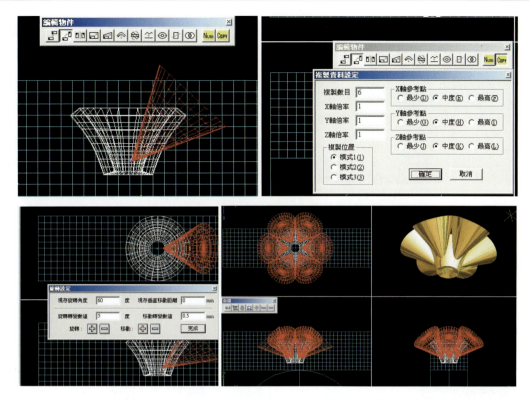

图9-10 "参数"命令用"复制"和"旋转"命令设置参数60°,个数为6,完成旋转复制

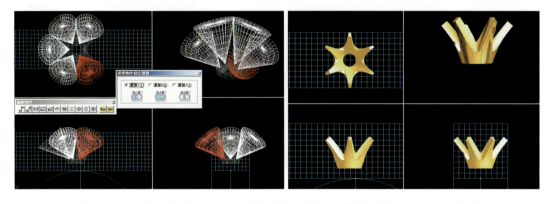

图9-11 选择扫成体后点击"运算切合",选择6个锥体,选择运算$A-B$模式

3. 镶口调较方法

在$y-z$视图上画一段镶口截面闭口曲线,用"扫成体"命令扫成一个爪形(图9-12)。

用"镶口调较"命令,设置数值360°,个数为6,在$x-y$视图中点击产生圆心定位,拉伸蓝点和绿点至合适位置,按F5键,建立一个圆形并扫成体,增加一定厚度,用"编辑曲面"中的"扩大/缩小"命令修改完成操作(图9-13)。

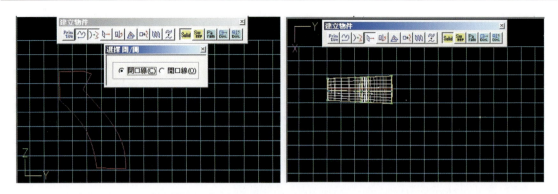

图 9-12　画一段镶口截面闭口曲线，用"扫成体"命令进行扫成一个爪形体

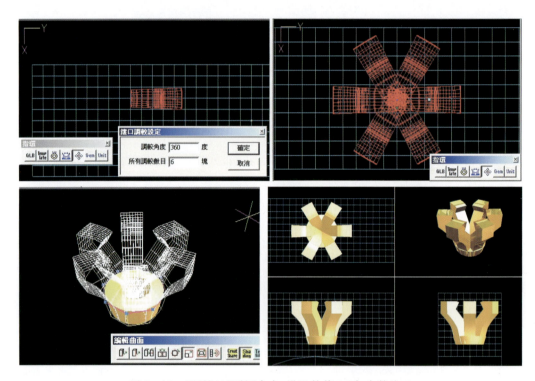

图 9-13　用"镶口调教"命令，设置数值 360°，个数为 6

本章练习

包镶　　　（1）完成图 9-14 所示 5 个包镶，要求有不同的宝石造型。

图 9-14　包镶

齿镶　　　　　（2）完成齿镶和组合，要求有不同的宝石造型（图9-15）。

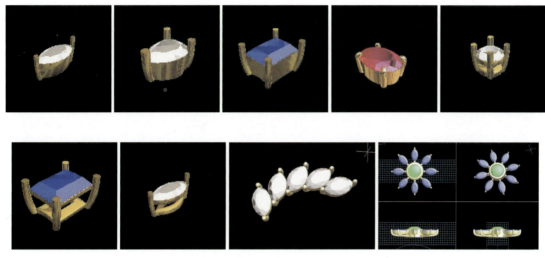

图9-15　齿镶

爪镶　　　　　（3）完成图9-16所示3种爪镶，要求有不同的宝石造型组合。

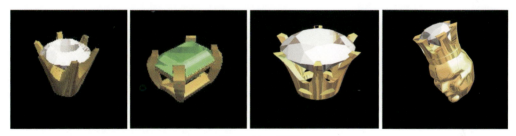

图9-16　爪镶

钉镶　　　　　（4）完成1组组合，要求有生动的造型组合。
槽镶　　　　　（5）完成1组组合，要求有生动的造型组合。
　　　　　　　　基本要求　　　　　　　　　　　　　　　　　　得分
（1）宝石与镶口间无空隙，齿爪紧贴镶口　　　　　　　　　　60分
（2）镶口排列整齐，造型美观、生动　　　　　　　　　　　　40分

思考题

1. 镶口的种类有哪些？
2. 镶口用了哪些命令无法再编辑？

第十章 花叶合成设计实训

第一节 学习任务和目的

通过首饰部件合成学习使学生掌握基本的首饰花叶零部件操作方法,为首饰的综合设计打下坚实的基础,要求学生能熟练运用JCAD软件中编辑曲面和弯曲的各种操作命令,并在格箱界面环境中完成花叶合成操作。

花叶的学习原理使学生掌握花叶的各种截面的造型,并在扫成体后进行曲面编辑和物件编辑,其中巧用"弯曲"命令,使花叶造型生动,在整个操作中要始终注意整体造型和线条流畅。

第二节 操作方法与步骤

一、花操作步骤

用"闭口曲线"画一个花瓣截面,设置扫成分割数为3,扫成体(图10-1)。

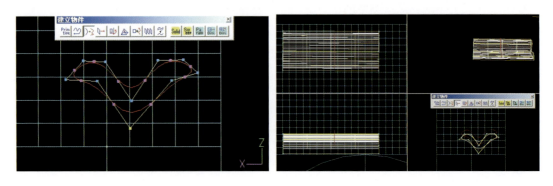

图10-1 用"闭口曲线"画一个花瓣截面,设置扫成分割数为3,扫成体

用"编辑曲面"中的"扩大/缩小"命令选中绿点,并拖动蓝点缩放画一个花瓣造型(图10-2)。
用"弯曲"命令进行弯曲,然后选择"镶口调较"命令,设置360°,个数为5,在 $x-y$ 视图中点击产生花瓣中心点,完成操作(图10-3)。

第十章 花叶合成设计实训

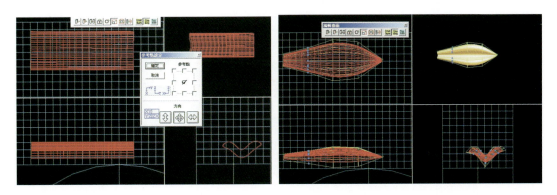

图 10-2 用"扩大/缩小"命令选中绿点,并拖动蓝点缩放,画一个花瓣造型

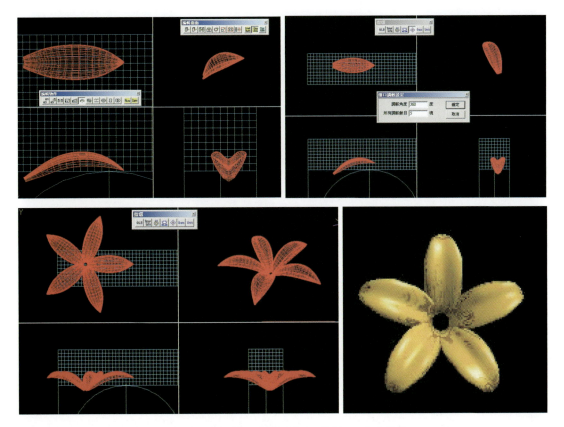

图 10-3 选择"镶口调较"命令,设置 360°,个数为 5

二、玫瑰花操作步骤

画一个闭口曲线扫成体,用"编辑曲面工具条"中的"扩大/缩小"命令对每个控制面进行扩大或缩小(图 10-4)。

用"控制面移动"命令和"弯曲"命令调整造型,用"镶口调较"命令建立花苞部分(图 10-5)。

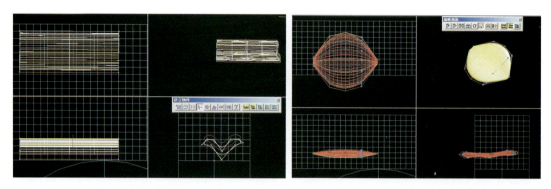

图 10-4　闭口曲线扫成体，用"扩大/缩小"命令对每个控制面进行扩大或缩小

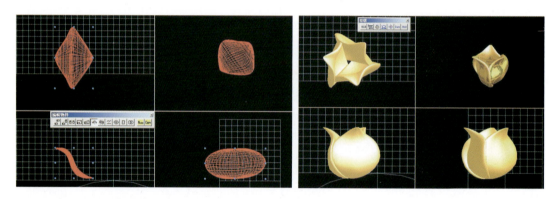

图 10-5　用"控制面移动"命令和"弯曲"命令调整造型，用"镶口调较"命令建立花苞部分

用上面同样的方法建立一个花瓣，用"镶口调较"命令完成开放的花瓣（图 10-6）。

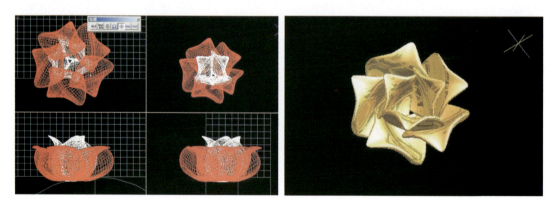

图 10-6　用同样的方法建立一个花瓣，用"镶口调教"命令完成花朵造型

三、叶操作步骤

画一半圆闭口曲线和"S"开口曲线，用"线段合成面"命令合成"S"形物体，使小的闭口曲

线沿着开口曲线路径合成弧形体,用"编辑曲面工具条"中的"扩大/缩小"命令对每个控制面进行扩大或缩小(图 10-7)。

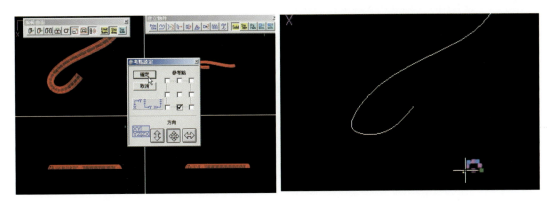

图 10-7 画一半圆闭口曲线和"S"开口曲线,用"线段合成面"命令合成"S"形物体

用"控制面移动"命令调整造型,复制移动一个花叶,打开"移动控制面"命令,点击下段弧形体,选中多余控制点删除多余的部分(图 10-8)。

图 10-8 复制移动一个花叶,选中多余控制点删除多余的部分

本章练习

完成下图所示的 3 组花叶组合。

名称	基本要求	得分
叶组合	（1）造型生动、美观、自然	50 分
	（2）比例合理，线条流畅	50 分
花组合	（1）造型生动、美观、自然	50 分
	（2）比例合理，线条流畅	50 分

花形参考见图 10-9。

图 10-9　花形参考

思考题

如何用"曲面编辑"和"弯曲"命令来塑造花叶造型？

第十一章 首饰配件设计实训

第一节 学习任务和目的

通过首饰部件合成学习使学生掌握基本的首饰配件等零部件操作方法,为首饰的综合设计打下坚实的基础,并要求学生能熟练运用 JCAD 软件中的各种操作命令,并在格箱界面环境中完成配件合成操作。

配件的学习原理使学生掌握首饰配件的种类和造型,并在物件编辑中运用各种命令使首饰配件造型生动,在整个操作中要始终注意整体造型和部件之间的衔接。

第二节 操作方法与步骤

一、弹簧扣操作步骤

设置扫成分割数为 8,在 $x-y$ 视图上建立圆形,按 F5 键扫成空心管,增加一定厚度,用"弯曲"命令进行弯曲(图 11-1)。

画圆形线扫成体建一个与空心管内径直径大小一样的圆柱体,并进行反向弯曲,与空心管对应(图 11-2)。

建一个小的球体移动到弹簧圈扳手合适位置(图 11-3)。

建一个长方片体,弯曲后移动到空心管顶部一边进行切合运算,完成操作(图 11-4)。

二、耳螺钉部件操作步骤

选择 GLB 格箱 3(3),建立一个球体,在"移动控制面/列"中删除半个球体(图 11-5)。

在 $y-z$ 视图中画一个螺钉的"U"字形开口曲线和圆形截面,用"线段合成面"合成命令完成耳钉基本造型(图 11-6)。

建立一个小圆形,按 F5 键扫成空心体,增加曲面厚度,移动至耳钉基本"U"字造型一边作为固定螺帽座(图 11-7)。

画一个圆柱体,并进行"物件扭转"命令操作完成螺丝形状(图 11-8)。

建立另一个球体,移动至螺丝的一端,用"移动控制面/列"命令中的选择绿色点进行删除半个球体的控制点,建成半圆球体,复制移动一个半圆球体至螺丝的另一端,完成耳钉操作(图 11-9)。

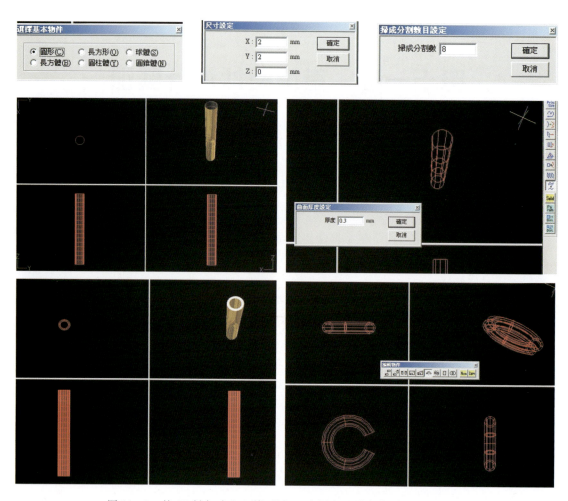

图 11-1　按 F5 键扫成空心管,增加一定厚度,用"弯曲"命令进行弯曲

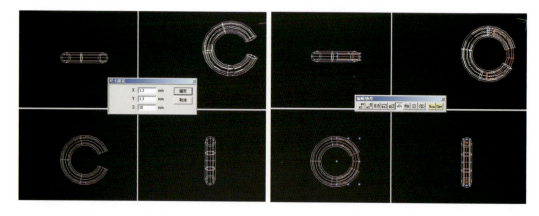

图 11-2　建立一个与空心管内径直径大小一样的圆柱体,并进行反向弯曲

第十一章 首饰配件设计实训

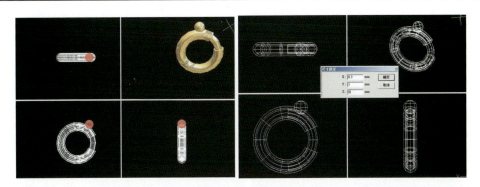

图 11-3 建立一个小的球体移动到弹簧圈扳手合适位置

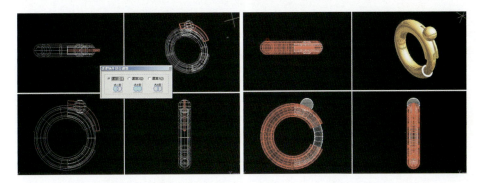

图 11-4 建立一个长方片体，弯曲后移动到空心管顶部一边进行切合运算

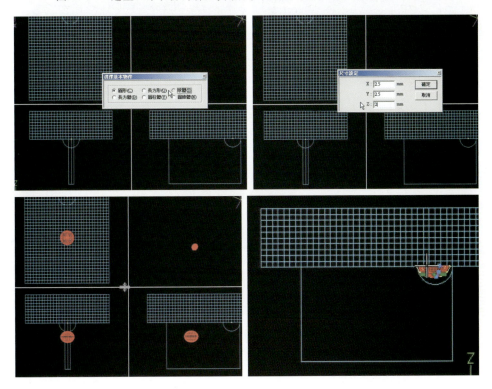

图 11-5 建立一个球体，在"移动控制面/列"中删除半个球体

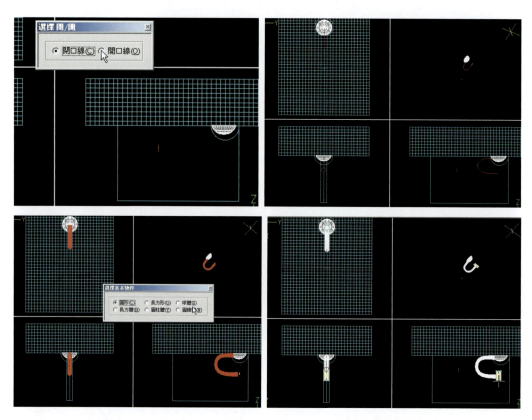

图 11-6 圆形截面,用"线段合成面"合成命令完成耳钉基本造型

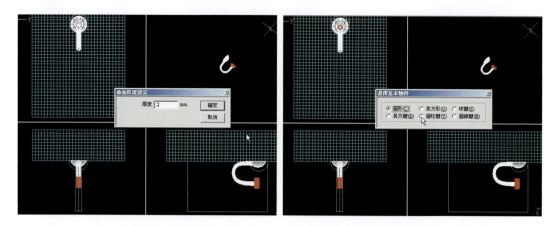

图 11-7 建立一小圆形,按 F5 键扫成空心体,增加曲面厚度

第十一章　首饰配件设计实训

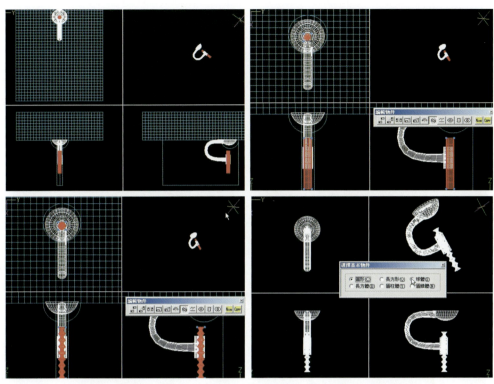

图 11-8　画一个圆柱体，并进行"物件扭转"命令操作完成螺丝形状

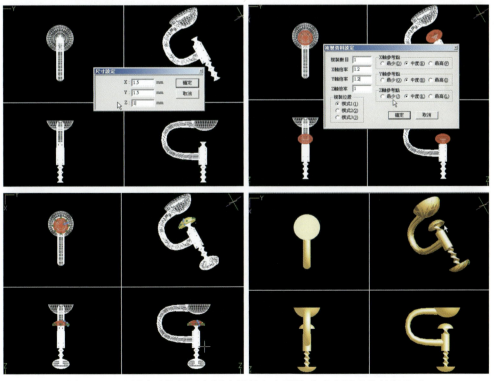

图 11-9　用"移动控制面/列"选择绿色点删除建成半圆球体复制移动

本章练习

名称	基本要求	得分
完成3个搭配件的组合	(1)造型美观,形状规范,比例恰当	50分
	(2)结构合理,衔接紧密,搭配实用	50分

首饰配件参考见图11-10。

图11-10 首饰配件参考

思考题

1. 首饰搭配件有哪些?
2. 用JCAD软件进行首饰部件合成的设计操作原理是什么?
3. 数值设置在操作命令的作用和组合运用要领。
4. 首饰部件由哪几部分组成?

第十二章　素金戒指合成实训

第一节　学习任务和目的

首饰的素金戒指合成设计是在首饰部件基础上更进一步的首饰设计深化,使学生能独立地、全面地完成首饰素金方面的线戒、方戒、花戒整体和零部件合成设计操作,并要求运用JCAD的综合操作命令完成首饰素金方面的各种线戒的造型与饰面、方戒的造型与饰面、花戒的造型与饰面合成设计操作。

深入理解依据首饰素金戒指的造型和饰面来编辑曲面,完成素金的细戒、方戒、花戒练习。

第二节　操作方法与步骤

一、绞丝戒

镶口截面扫成体后,用"编辑曲面工具条"中的"扩大/缩小"和"控制面移动"命令,完成戒指的弯曲造型,然后用"指环"命令完成绞丝戒的单面,用"复制"和"镜像"命令完成操作(图12-1)。

二、批花细戒

戒脚截面扫成体后,用"插入控制面列"命令和"移动控制面/列"进行每3个控制面为1组,建立多个组的控制面,打开张力系数设定(Tension),设置张力系数为3,排列限制打钩确定,拉出需变形的控制点选中为绿色,未选中为蓝色,单击"移动控制点"命令(图12-2)。

选中1点在 $x-y$ 视图拖动,其他被选中的张力系数点会跟着一起移动,用"编辑曲面工具条"中的"扩大/缩小"命令,设置 $z-y$ 参考点, $z-x$ 方向箭,选择控制组中3个控制面中的中间控制面进行缩小,完成戒面的花纹,用"指环"命令完成操作(图12-3)。

三、方戒

方戒截面扫成体后,用"编辑曲面工具条"中的"扩大/缩小"命令和"移动控制面"命令进行编辑,最后进行"指环"命令完成方戒操作(图12-4)。

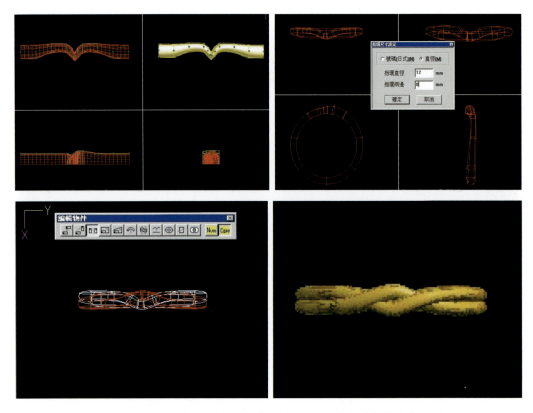

图 12-1　用"扩大/缩小"和"控制面移动"命令完成戒指的弯曲造型

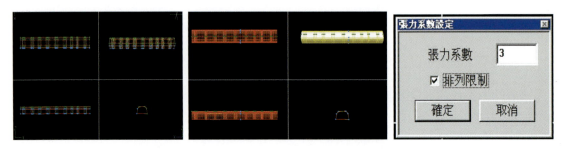

图 12-2　用"插入控制面/列"命令和"移动控制面/列"建立多个组的控制面

四、花戒合成

在扫成体的戒脚上,用"编辑曲面工具条"的命令对扫成体物件进行扩大/缩小和移动控制面编辑,并用"指环"命令完成一半戒脚,复制镜像另一半戒脚,完成戒脚部分(图 12-5)。

用"建立基本物件"命令选择方形,配合参数(Num)在 $x-z$ 视图中建立一个长方形,用"扫成体"命令扫成,在"编辑曲面工具条"中按"扩大/缩小"进行编辑,用"弯曲"命令弯曲,并移动至戒脚中间成为戒面托底(图 12-6)。

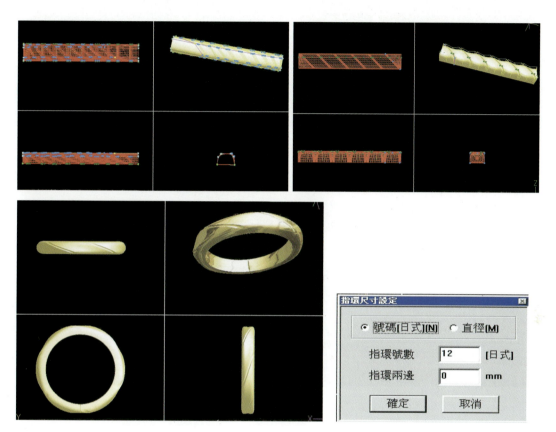

图 12-3　选中 1 点拖动完成戒面的花纹，用"指环"命令完成操作

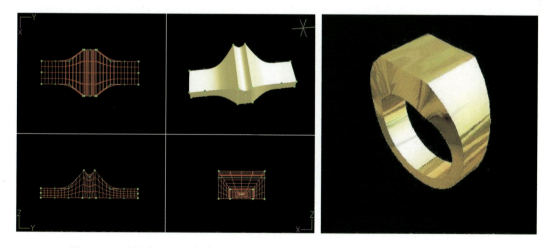

图 12-4　"扩大/缩小"命令和"移动控制面"命令进行编辑，"指环"命令完成方戒

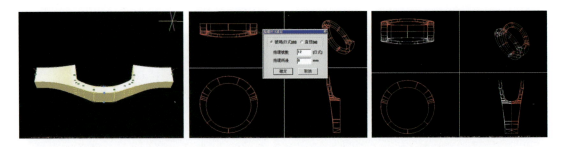

图 12-5 用"编辑曲面工具条"命令进行扩大/缩小并用"指环"命令完成半个戒脚

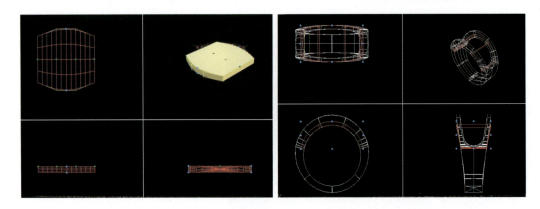

图 12-6 在"编辑曲面工具条"中按"扩大/缩小"进行编辑,用"弯曲"命令弯曲

用"开口曲线"和"旋转体"命令扫成花芯(图 12-7)。

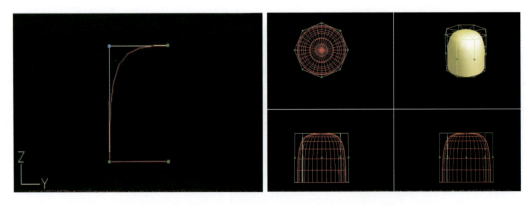

图 12-7 用"开口曲线"和"旋转体"命令扫成花芯

用"闭口线"和"扫成体"命令扫成体,并复制一个备用,用"编辑曲面工具条"中的"扩大/缩小"命令,配合 Shift 键画成一个领带形花叶(图 12-8)。

"复制镜像"命令完成领结花造型,用"复制旋转"命令复制一个花叶,并进行曲面编辑,再用"复制镜像"命令复制领结花旁边的小花叶(图 12-9)。

第十二章　素金戒指合成实训

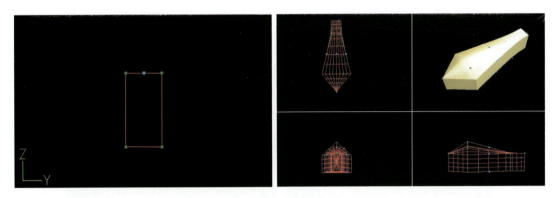

图 12-8　用"编辑曲面工具条"中的"扩大/缩小"命令画成一个领带形花叶

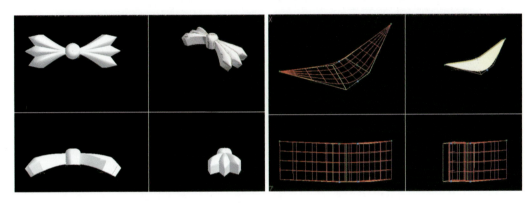

图 12-9　"复制镜像"命令完成领结花造型

选中全部花型,用"弯曲"命令弯曲成戒面托底弧形,用"移动"命令调整和"颜色设定"完成操作(图 12-10)。

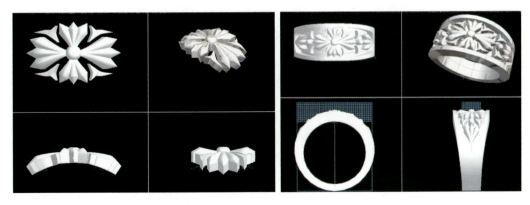

图 12-10　用"弯曲"命令弯曲成戒面托底弧形,"移动"调整完成操作

本章练习

名称	基本要求	得分
线戒与饰面	完成图 12-11 所示 4 种线戒与饰面组合	
	(1)线条流畅,截面清晰,比例合理	25 分
	(2)与上面条件某项或两项不符	10 分

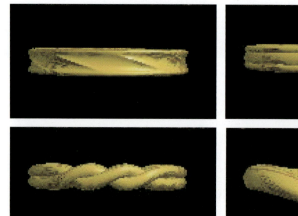

图 12-11　线戒参考

	(1)造型对称,形状规范	20 分
完成图 12-12 所示 3 个方戒组合	(2)与上面条件某项或两项不符	5 分

图 12-12　方戒参考

花戒	完成 4 个花戒	(1)造型生动、美观、流畅	25 分
		(2)与上面条件某项或两项不符	10 分

思考题

素金戒有几种类型？每种戒指的特点是什么？

第十三章 宝石首饰戒指实训

第一节 学习任务和目的

通过学习使学生掌握首饰的主宝、副宝与金属戒脚、镶口匹配关系,从而完成盘钻戒、排钻戒、珍珠戒托的宝石戒指操作,要求学生能熟练把 JCAD 软件中的各种宝石具体运用至首饰戒指的各种款式中,并在格箱界面环境中运用"物件编辑工具"完成盘钻戒、排钻戒、珍珠戒合成操作。要求学生掌握盘钻戒、排钻戒、珍珠戒的结构特点,深入理解编辑基本线与圈的用途,并依据宝石戒指的造型要求,运用数值功能在"编辑物件"命令中完成宝石与镶口排列及造型。

第二节 操作方法与步骤

一、排钻戒

戒脚部分参照编辑曲线戒脚操作,用"弯曲"命令完成半个戒脚,用"复制镜像"命令完成戒圈(图 13-1)。

齿镶参照齿镶操作,当建立两个爪镶后,旋转 90°并删除一个爪,配上钻石,以戒圈的中心为点旋转复制多个齿镶口并补上两个爪后,用"编辑物件工具条"中的"编辑基本线"命令拖动,操作时点击蓝点进行拖动,用"移动"命令完成操作,可配合(Num)键完成排钻的弧线造型,用格箱作为参照尺寸(图 13-2)。

二、盘钻戒操作

翡翠镶口部分,在 $y-z$ 视图中建立两个镶口闭口曲线,选择一个闭口曲线在"镶口"命令中建立一个一爪镶口,完成"镶口"命令后拉出大小,用"缩放"命令改变圆形使之形成椭圆形翡翠镶口,再用"移动控制面/列",配合 Shift 键+单击控制点,完成每个爪齿的瓜子形造型,按"参数"命令和"宝石"命令选择凸式钻作为翡翠宝石,并调整至合适大小,按"颜色设定"命令选择绿色,按"设定组合"命令选择 1~8 任一组合,并隐藏翡翠镶口显示。

选择另一个镶口截面,用"镶口"命令建立一个三齿镶口缩小至包镶的一半,选中一个齿,用"缩放"命令放长,并增加控制点后进行弯曲,放至一个镶口大小的钻石,用"镶口调较"命令设置个数后,在 $x-y$ 视图上选定中心点后,出现设置个数的圆形排列,点击蓝点拖动改变大

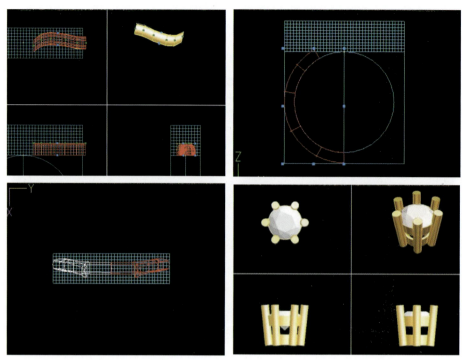

图13-1 用"弯曲"命令完成半个戒脚,用"复制镜像"命令完成戒圈

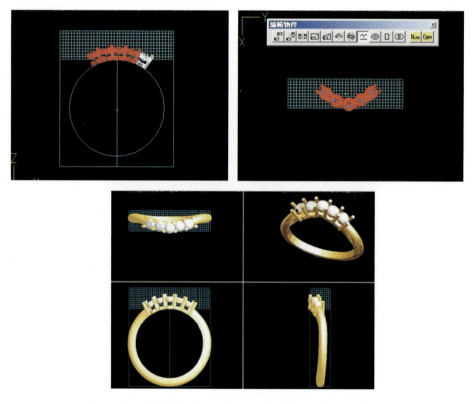

图13-2 用"编辑物件工具条"中的"编辑基本线"命令拖动

小,点击绿点拖动改变与中心的距离,完成盘钻镶口操作(图 13-3)。

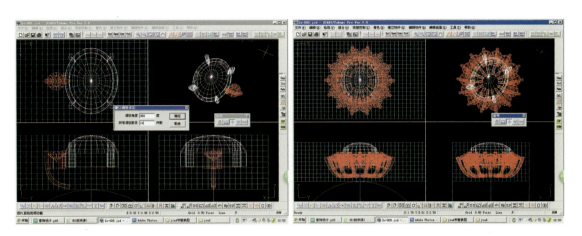

图 13-3 用"镶口调较"命令设置个数的圆形排列,完成盘钻镶口

打开显示翡翠镶口,并选择盘钻,按"编辑基本圈"命令在盘钻中心点点击,并拉出圆形,在圆形的边缘上拖动蓝点可改变盘钻的大小长宽,调整至翡翠镶口合适大小。并打开戒脚显示,戒脚部分参照戒圈合成,用"移动"和"缩放"命令调整整个翡翠戒,完成操作(图 13-4)。

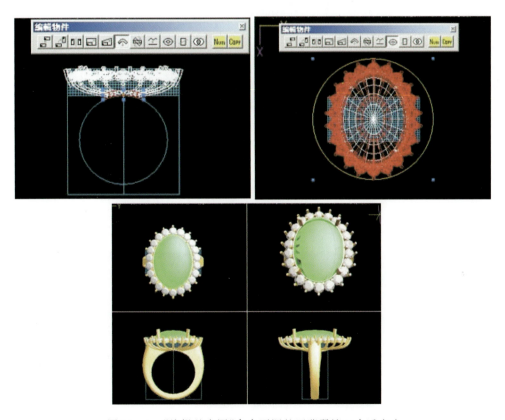

图 13-4 "编辑基本圈"命令可调整至翡翠镶口合适大小

三、珍珠针托戒

戒脚部分参照戒圈操作,珍珠戒托,先画一段珍珠戒托的截面曲线,并旋转体,然后建立一个小方柱,选中两个方柱旋转 90°,并弯曲,选中另两个方柱,用"物件扭转"命令进行扭转,完成一个螺丝形造型,并建立一个球体作为珍珠,缩放至合适位置,调整戒脚、戒托,完成操作(图 13-5)。

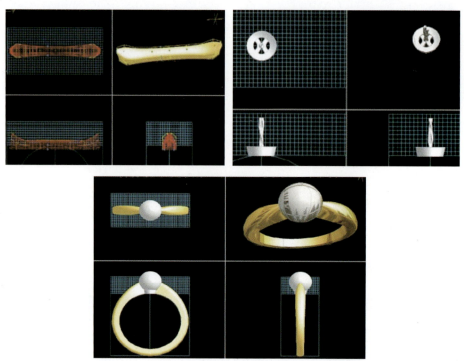

图 13-5 建立一个球体作为珍珠,缩放至合适位置

四、珍珠花托戒

戒脚参照戒圈操作,建立一大一小圆形,用"线段合成面"完成圆圈体,用"弯曲"命令在 $x-z$ 和 $y-z$ 视图中进行二次弯曲(图 13-6)。

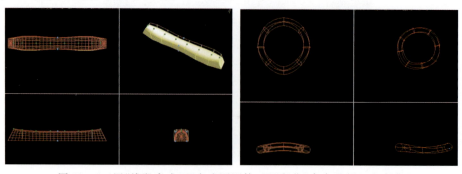

图 13-6 用"线段合成面"完成圆圈体,用"弯曲"命令进行二次弯曲

用"镶口调较"命令设置角度360°,数目4个,完成一个空心花托,建立一个小长方体,用"物件扭转"命令扭转成一个螺丝形钉子,建立一个合适球体,调整戒脚,花托镶口球体,完成操作(图13-7)。

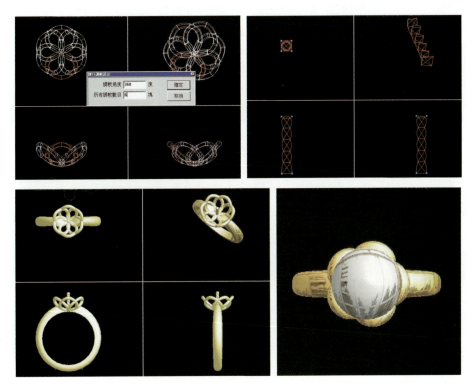

图13-7 用"镶口调较"命令设置角度360°,数目5个,完成一个空心花托

本章练习

名　称　　　　　　　　基本任务
排钻戒　　　(1)完成图13-8所示3只排钻戒,要求有不同的造型

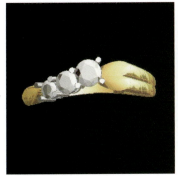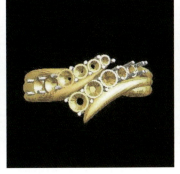

图13-8 排钻戒

盘钻戒　　　（2）完成图 13-9 所示 3 只盘钻戒，要求有不同的造型

图 13-9　盘钻戒

主宝戒　　　（3）完成图 13-10 所示 3 只主宝戒，要求有不同的造型组合

图 13-10　主宝戒

基本要求	得分
宝石与镶口间无空隙，齿爪紧贴镶口	50 分
镶口排列整齐，戒指造型美观、生动	50 分

思考题

1. 宝石戒指的种类有哪些？它们的各自特点是什么？
2. 基本线与基本圈编辑在排列宝石中有什么作用？
3. 戒脚与镶口的连接部分有哪些？

第十四章 挂件合成实训

第一节 学习任务和目的

通过学习使学生掌握首饰的挂件主体部分与挂佩件的连接关系,从而完成首饰的挂件练习,并要求学生理解各种首饰挂件类别及使用功能,完成首饰的各种挂件及挂佩件训练。

首先要建立首饰挂件的主体部分,主体部分要注意形象生动、造型美观,可运用花叶和动物等图案造型来点缀,对称部分要注意外部造型一致,不对称部分要注意挂佩件力的均衡,挂佩件要注意它的连接部分要灵活。

第二节 操作方法与步骤

一、鸡心照合挂件

建立一个方体,用"移动控制面/列"命令,选中控制面上的绿点用 Delete 键删除,并选择蓝点拖动一个心形,配合 Shift 键产生弧面(图 14-1)。

用"复制移动"命令,设置个数 1 个,x 轴倍率为 0.9,y 轴倍率为 0.9,用切合运算大的心形减去小的心形,完成一半鸡心照合,复制镜像另一半鸡心照合(图 14-2)。

在 $y-z$ 视图上建一个小的圆形,按 F5 键扫成空心管体,并增加厚度,完成一个空心管体,再复制移动另一个空心管体,设置数目 1,x 轴倍率为 0.5,再复制移动同样大小的空心管体(图 14-3)。

建立一个小的柱体,旋转 90°,放置空心管内,完成铰链(图 14-4)。

建立一个小球体,复制镜像一个,选择一半鸡心照合,用切合运算减去一个小球体,形成小的凹面,完成搭扣件(图 14-5)。

建立一大一小的圆形,用"线段合成面"命令完成一个圆环,放置鸡心上(图 14-6)。

挂佩件在 $y-z$ 视图中画一个瓜子形闭口曲线扫成体,用"弯曲"命令在 $x-z$ 视图中弯曲,并用修改部分尺寸命令产生梨形,移动到圆环内(图 14-7)。

花叶形参照花叶操作,调整花叶大小,完成操作(图 14-8)。

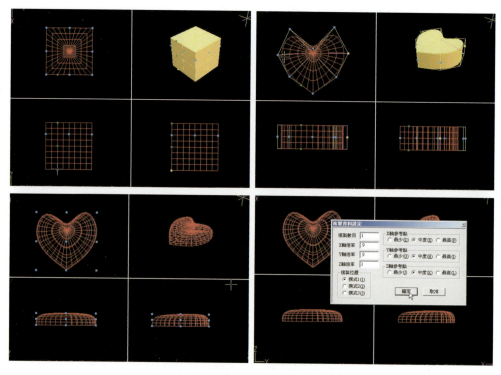

图 14-1 用"移动控制面/列"命令并选择控制点拖动一个心形

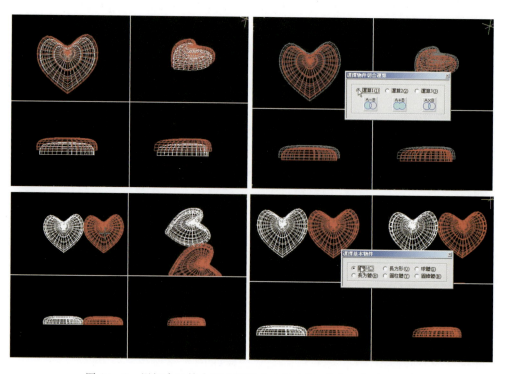

图 14-2 用切合运算大的心形减去小的心形,完成一半鸡心照合

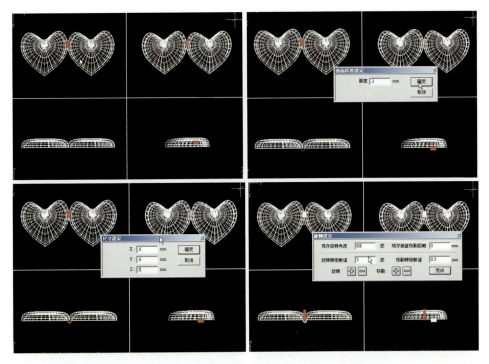

图 14-3 按 F5 键扫成空心管体并增加厚度,再复制移动建立一个空心管体

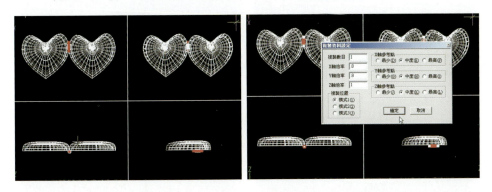

图 14-4 建立一个小的柱体,放置空心管内,完成铰链

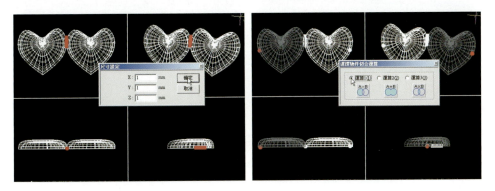

图 14-5 建立一个小球体,复制镜像一个并编辑完成搭扣件

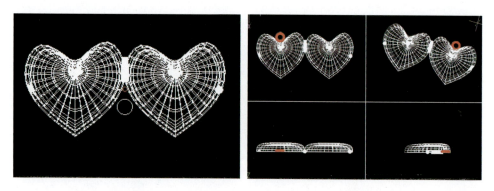

图 14-6　建立一大一小的圆形,用"线段合成面"命令完成一个圆环

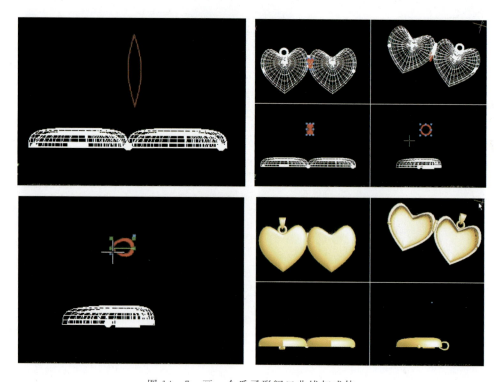

图 14-7　画一个瓜子形闭口曲线扫成体

二、飞鸟造型宝石挂件

1. 鸟身操作

在 $x-z$ 视图中建立一个半圆形闭口曲线,设置扫成分割数为 8,用"编辑曲面工具条"中的"扩大/缩小"命令,选择参考点中下、$x-y$ 方向箭,对每一个绿点截面上的蓝点进行缩放,画出鸟身的形体,并用"编辑曲面"命令对鸟的尾翼进行编辑,完成鸟身,并设置组合,隐藏鸟身(图 14-9)。

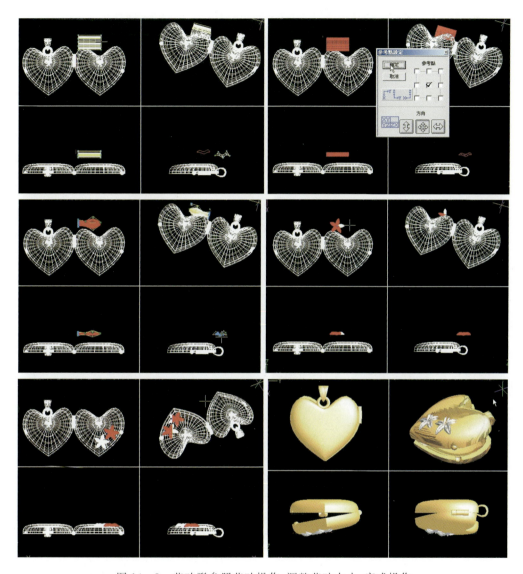

图 14-8 花叶形参照花叶操作,调整花叶大小,完成操作

2. 鸟翅膀操作

在 $x-z$ 视图中建立一个半圆形闭口曲线,设置扫成分割数为 5,并扫成体(图 14-10)。

用"编辑曲面工具条"中的"扩大/缩小"命令选择中下参考点,x 方向和 y 方向各进行缩放,用"弯曲"命令弯曲物体(图 14-11)。

用"旋转复制模式",设置 x 轴为 0.9、y 轴为 0.9、z 轴为 1,个数 2 个,用"移动"和"旋转"命令放至合适位置,完成一组翅膀,用"镜像复制模式"完成一对翅膀,并设置组合,隐藏鸟翅膀(图 14-12)。

宝石镶口操作方法参照盘钻镶口操作方法(图 14-13)。

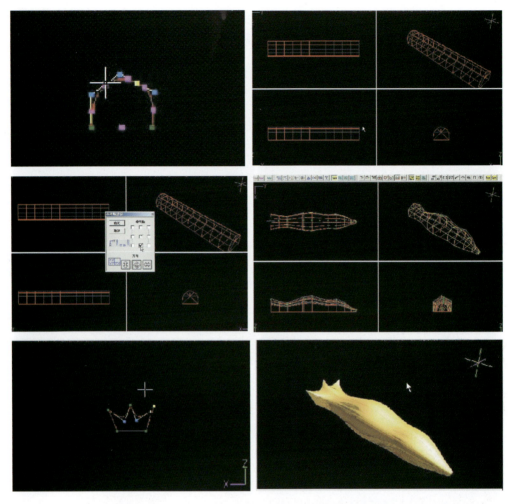

图14-9 用"扩大/缩小"命令对绿点截面上的蓝点进行缩放,画出鸟身的形体

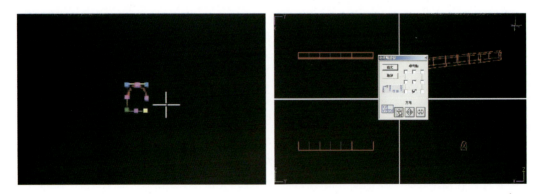

图14-10 建立一个半园形闭口曲线,设置扫成分割数为5,并扫成体

第十四章 挂件合成实训

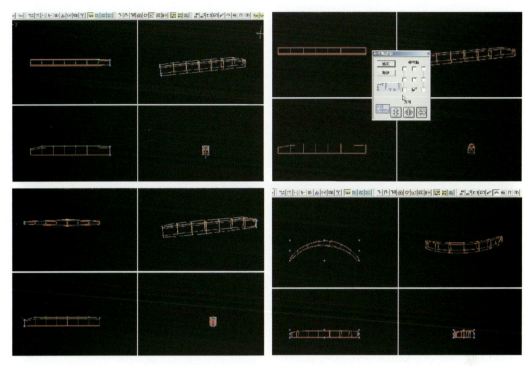

图 14-11 用"扩大/缩小"命令进行缩放,用"弯曲"命令弯曲完成一个翅膀

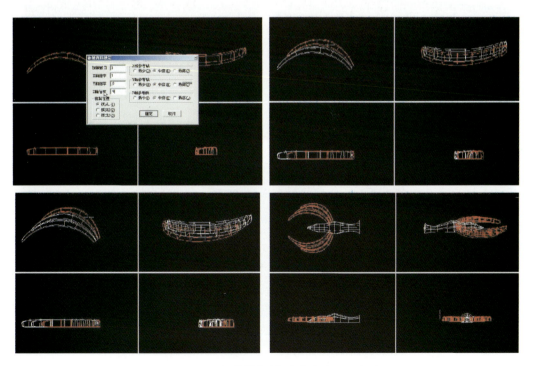

图 14-12 用"旋转复制"命令完成一组翅膀

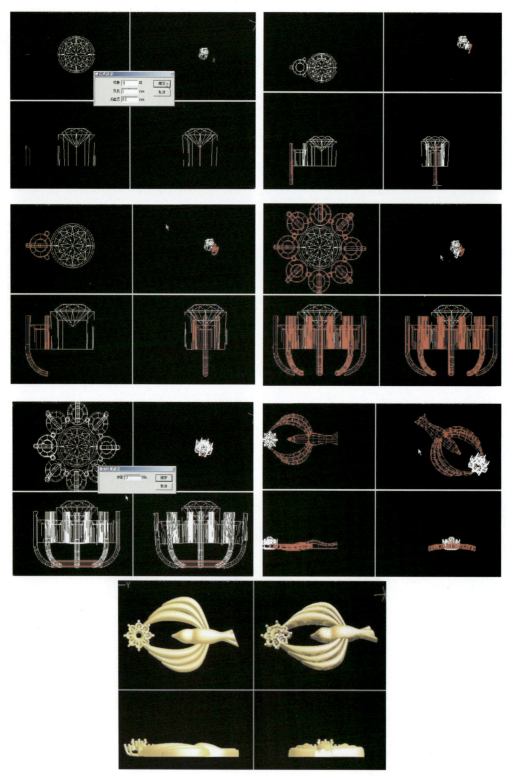

图 14-13 参照盘钻镶口操作方法,移动鸟的造型与镶口的组合

三、花叶形挂件

首先画一个圆环，中间可放钱币或镶口宝石，建立一个球体，用"缩放"命令完成一个小的椭圆形球体，用"编辑控制点"命令拉出两头控制点，配合 Shift 键点击成尖头，"复制移动"命令复制两个叶形，选中 3 个叶形，"复制旋转"命令设置，选择圆环中心点旋转完成。建立一个开口曲线和一个闭口曲线，"二线合成"命令建立一个枝干，用"编辑曲面"中的"扩大/缩小"命令使枝干两头小的弧形体，复制镜像一个，在两个枝干间建立一个花蕾，用编辑曲面方法完成，选择枝干和花蕾，用叶形同样的方法复制旋转完成，挂佩件参照鸡心挂件方法完成（图 14-14）。

图 14-14 叶形挂件

四、宝石挂件

主体盘钻镶口部分参照本书镶口的镶口操作，挂佩件用开口曲线和截面线的线段合成面建立基本造型，用"移动控制面/列"命令在需要视图中拖动成"S"形，用"复制镜像"命令复制一个，在"移动控制面/列"删除一段截面，再复制镜像一个，再删除几段截面，完成一个带缺口的挂佩件，在缺口处画一排钻石镶口（参照排钻戒操作），再调整主体盘钻镶口与挂佩件大小、位置，完成整个宝石挂件（图 14-15）。

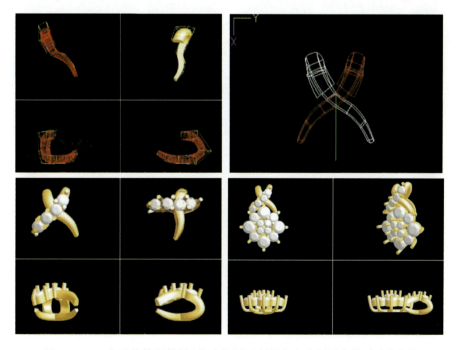

图 14-15 宝石挂件配件用"移动控制面/列"命令在视图中拖动成"S"形

本章练习

名称

素金挂件　　　（1）完成图 14-16 所示 3 件素金挂件,要求有不同的造型

图 14-16　素金挂件

基本要求	得分
主体挂件部分造型美观、生动	70 分
挂佩件灵活、连接部分紧凑	30 分

宝石挂件　　　（2）完成图 14-17 所示 3 件宝石挂件,要求有不同的造型

图 14-17　宝石挂件

基本要求	得分
宝石与镶口间无空隙,镶口排列整齐,齿爪紧贴宝石	50 分
挂佩件灵活、连接紧凑,挂件造型美观、生动	50 分

思考题

1. 首饰挂件的种类有哪些？它们的各自特点是什么？
2. 连接件有哪些？它们起什么作用？
3. 挂佩件有哪些？它们起什么作用？

第十五章　耳饰服饰项链

第一节　学习任务和目的

通过学习使学生掌握首饰的基本项链的连接关系和耳饰的配件的连接关系，从而完成首饰的项链和耳饰练习，要求学生理解各种首饰项链类别、耳饰类别及使用功能，完成首饰的各种项链和耳饰训练。

项链部分首先要建立首饰的单节部分，然后运用"复制移动"命令完成整个项链连接操作，注意项链连接部分要灵活。

耳饰部分首先要建立耳饰的主体部分，然后根据耳饰主体部分的大小，建立耳插、耳钉等零配件，注意耳饰配件的结构要合理。

第二节　操作方法与步骤

一、传统锉平链

画一大一小圆形，用"线段合成面"建立一个圆圈体，复制圆圈体并旋转90°，用移动工具调整至合适位置，选择两个圆环，并用"物体扭转"命令扭转一定的角度，用"平面切割"命令切割多余面，选中多余面，用 Delete 键删除，完成一节锉平链造型，用复制移动多个节的锉平链，造型完成(图15-1)。

二、耳饰组合

1. 耳圈合成

画一个耳圈截面的闭口曲线，扫成体后用"扩大/缩小"命令改变部分曲面大小，用"弯曲"命令完成操作(图15-2)。

2. 耳钉合成

先建立一个球体，在"移动控制面/列"中删除半个球体，画两根柱体，并移动成垂直线，选择下面一根柱子进行物件扭转完成螺丝形状，在 $y-z$ 视图中画一个螺帽的开口曲线，画一个截面，

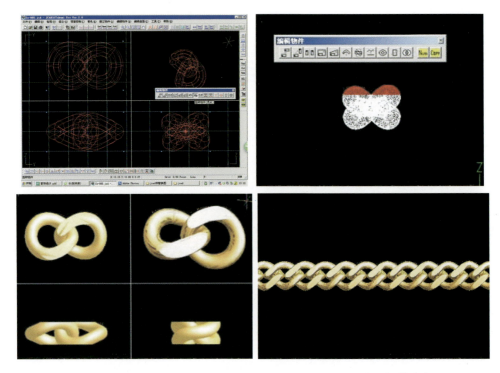

图 15-1　选择两个圆圈体,用"扭转物件"命令扭转一定的角度切割多余面

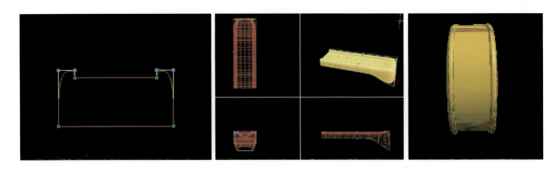

图 15-2　画耳圈截面曲线,扫成体"扩大/缩小"命令改变大小,"弯曲"命令完成

用"二线合成"命令完成螺帽造型,建立一个圆柱体并进行弯曲,移动至螺帽中心完成(图 15-3)。

三、领夹合成

建立一个 x 轴为 2、y 轴为 10 的长方体,用"移动控制面/列"命令选择绿点并用 Delete 键删除,按 Shift 键单击产生弧面,复制移动设置,x 轴倍率为 0.3,y 轴倍率为 0.3,z 轴倍率为 1,复制一个小的面板,复制移动两个,画一个棱形线扫成体,建立一个小的镶口,并放上圆钻,用移动工具调整位置,钳夹子操作先画一个"U"字形开口曲线,按 F5 键并扫成体并增加厚度,画一个齿形的闭口曲线扫成体,用切合运算,用"U"字形减去齿形,完成一个夹子造型(图 15-4)。

建立两根圆柱体,选择一根圆柱体,用"扩大/缩小"命令、"弯曲"命令和"旋转"命令完成夹

第十五章　耳饰服饰项链

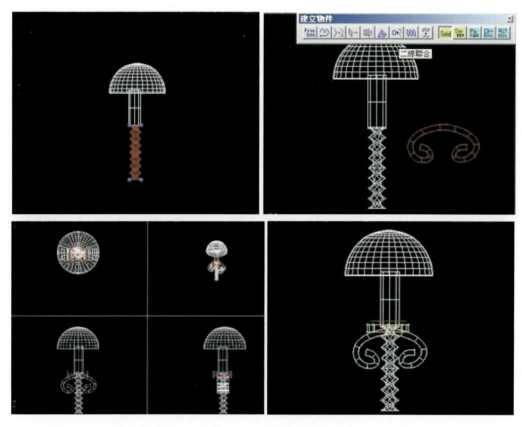

图 15-3　耳钉合成

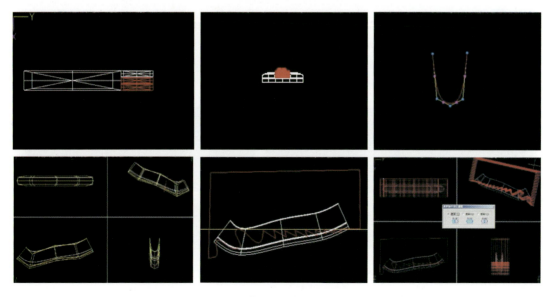

图 15-4　画齿形闭口曲线扫成体，用切合运算减去齿形完成一个夹子造型

子支柱,选择另一根圆柱体旋转90°,完成领夹操作(图15-5)。

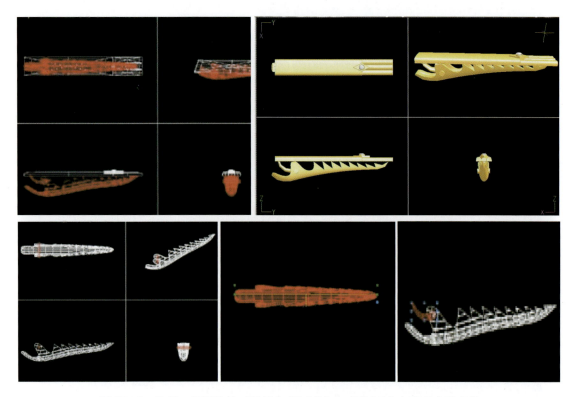

图15-5　选择一根圆柱体,用"扩大/缩小"命令、"弯曲"命令完成夹子支柱

本章练习

名称

项链　　完成3个项链,要求有不同的造型(图15-6)

图15-6　项链

基本要求　　　　　　　　　　　　　　　　　　　　得分

基本链节造型美观、生动　　　　　　　　　　　　60 分
配件灵活,连接部分紧凑　　　　　　　　　　　　40 分

完成 3 副耳饰,要求有不同的造型(图 15-7)

图 15-7　耳饰

　　　　基本要求　　　　　　　　　　　　　　　得分
　　耳饰主体部分造型美观、生动　　　　　　　　60 分
　　配件结构合理,连接部分紧凑　　　　　　　　40 分

思考题

1. 首饰项链的种类有哪些?它们的各自特点是什么?
2. 首饰耳饰的种类有哪些?它们的各自特点是什么?
3. 连接件有哪些?它们起什么作用?
4. 搭配件有哪些?它们起什么作用?

第十六章　器皿摆件实训

第一节　学习任务和目的

通过学习使学生正确掌握JCAD的"编辑曲面"命令，来塑造摆件的动物、人物等复杂的形象造型，使主体形象和底座有机搭配，从而完成摆件和器皿礼品的练习，并要求学生理解各种摆件的造型塑造和使用功能，掌握一定的摆件的台座支撑柱和主体的综合操作，完成各种较有难度的摆件和器皿训练。

摆件在首饰中属大件，摆件要求有很强的艺术造型，一方面要熟练运用JCAD中的各种编辑命令和操作，另一方面要有艺术造型的塑造能力，在塑造形象中要注意大的关系和局部关系的调整，在编辑曲面时要注意视窗之间切换和打开投影模式，以便随时在最佳视图中塑造形象，在器皿方面要掌握旋转体的各种造型和配件的综合运用。

第二节　操作方法与步骤

一、海豚摆件

在 $x-y$ 视图中建立一个闭口半圆形曲线，用"扫成体"命令扫成体，用"编辑曲面工具条"中的"扩大/缩小"命令，修改成海豚半身，复制镜像一个，用"弯曲"命令弯曲，并用"移动控制面/列"命令调整海豚头部的形态完成海豚身体操作(图16-1)。

用"闭口曲线"画鱼鳍截面，扫成体后用"扩大/缩小"命令完成鱼鳍造型，复制旋转一个鱼鳍，用"缩放"命令调整至合适大小，再复制镜像一个，用"复制移动"命令做一个鱼尾，用"移动控制面/列"命令调整至合适大小，完成一个海豚造型(图16-2)。

用"复制移动"命令再建立一个海豚造型，用"旋转/移动/缩放"命令调整至合适大小，建立两个柱体并移动到各个海豚位置作为支撑，再建立两个方形，对其中一个方形进行扩大，选择两个方形，用多切面合成完成摆件基座(图16-3)。

二、茶杯具

画一个杯子的半个截面的开口曲线，用"旋转体"扫成杯子造型(图16-4)。用同样的方法画底盘(图16-5)。

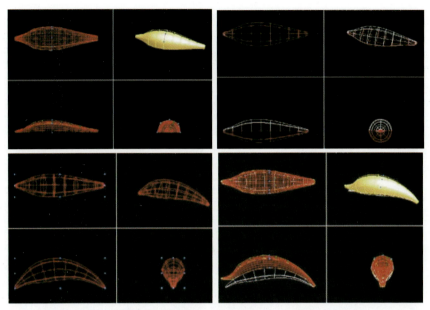

图 16-1　半圆形曲线扫成体,用"扩大/缩小"命令修改成海豚半身

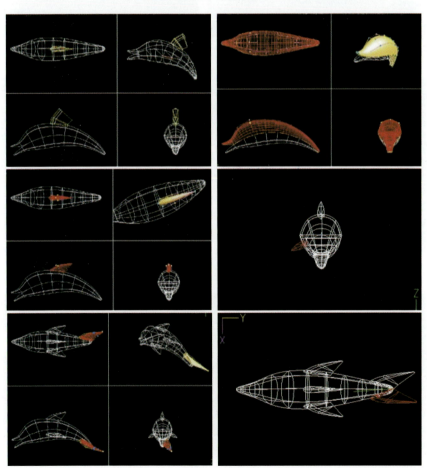

图 16-2　画鱼鳍截面,扫成体后用"扩大/缩小"命令完成鱼鳍造型

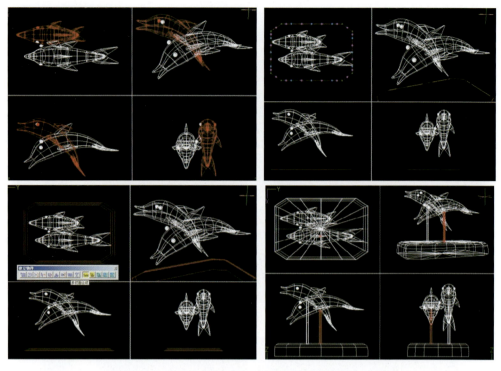

图 16-3 "旋转/移动/缩放"命令调整海豚至合适大小

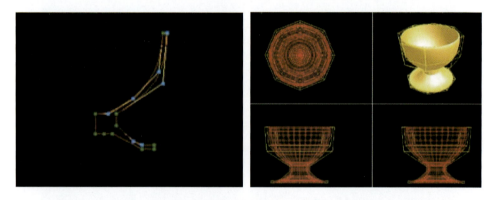

图 16-4 画一个杯子的半个截面的闭口曲线,用"旋转体"扫成杯子造型

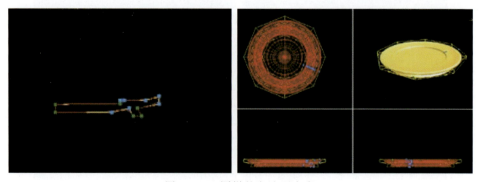

图 16-5 同样的方法画底盘

杯柄,画一个杯柄的截面和杯柄开口曲线,用"线段合成面"命令完成杯柄造型,用"移动"命令调整至合适位置(图16-6)。

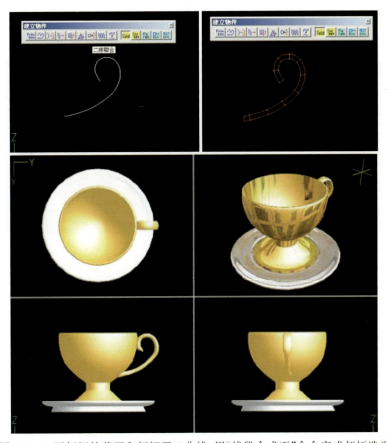

图16-6　画杯柄的截面和杯柄开口曲线,用"线段合成面"命令完成杯柄造型

本章练习

名　称

素金摆件　　　(1)完成图16-7所示3个素金摆件,要求有不同的造型

图16-7　素金摆件

基本要求	得分
主体摆件部分造型美观,形象生动	70 分
支撑部分与台座部分有机结合	30 分

器皿　　(2)完成图 16-8 所示 2 组器皿,要求有不同的造型

图 16-8　器皿

基本要求	得分
器皿盛器结构严谨,造型生动	50 分
壶嘴和摆手结构合理,造型优美	50 分

思考题

1. 摆件的艺术造型应掌握哪些要点?
2. 台座与支撑像在摆件中起什么作用?

第十七章 二维图像保存与图像处理

第一节 学习任务和目的

全面检验学生掌握 JCAD 辅助设计软件的熟练程度,要求自己设计具有个性化、艺术化的作品,通过平面的方法用 JCAD 的捕捉影像功能和 Windows 捕捉影像功能,并在 Photoshop 软件中进行图像处理和彩稿打印。学生可根据所学首饰设计知识,充分发挥想象力与创造力,用 JCAD 软件自己设计各种类型具有个人特色的艺术化、个性化作品,用 JCAD 的捕捉影像功能和 Windows 捕捉影像功能,在 Photoshop 软件中进行图像处理和彩稿打印。

首先设计构思首饰作品,并在 JCAD 辅助设计软件中完成首饰的构思创意,要求学生充分发挥想象力与创造力,创作有艺术化和个性化的造型。学生可参考一定的资料,或事先画好草图,另一方面,通过平面的方法用 JCAD 的捕捉影像功能、Windows 捕捉影像功能,在 Photoshop 软件中进行图像处理和彩稿打印,并写出创意说明。

第二节 操作方法与步骤

一、操作方法

打开 JCAD 辅助设计软件中完成首饰,并调整图像大小,进行图像处理的准备工作。

二、JCAD/Takumi Ver. 2.0 捕捉影像功能操作

(1)开启 JCAD/Takumi Ver. 2.0 影像捕捉功能,在工具菜单栏下列执行影像捕捉命令弹出工具条快捷窗口,单击照相机图标抓屏幕图像。

(2)保存图标,可捕捉影像保存,保存格式 bmp,并指定保存路径。

(3)存储屏幕影像后,在 Photoshop 软件中打开并进行图像处理。

三、在 Windows 中捕捉影像功能操作

（1）在 Windows 剪贴板中抓屏影像，按键盘上的 PrintScreenSysRq 键，保存在 Windows 剪贴板上。

（2）打开 Photoshop 绘图软件，在新建文档中粘贴，并进行图像处理和存储。

四、JCAD 首饰影像在 Photoshop 软件中的图像处理

（1）打开存储影像，用裁剪工具裁剪图像，用魔棒工具选择黑色建立选区，按 Delete 键删除背景或反选工具，选择首饰复制粘贴至新的图像背景。

（2）用缩放工具缩放首饰至合适大小，选择图片背景或用绘图工具处理背景，活用图层、蒙板和路径（图 17-1）。

（3）用滤镜工具菜单栏下的命令来提高首饰的艺术效果，如用渲染中的光彩效果或镜头光晕，并增加阴影部分，用调整中的亮度/对比度、色相/饱和度等调整。

（4）编辑文字并进行文字艺术处理，完成操作。

图 17-1　选择背景图片处理背景，活用图层、蒙板、路径和滤镜

本章练习

1. 用 JCAD 设计软件设计具有个性化的首饰作品和 Photoshop 的图像处理，打印并装帧，尺寸 A4 纸，彩稿形式，三视图和效果图各一张。

2. 用文字说明自己所创作设计的首饰作品主题和创意，附在图稿背面，打印文字尺寸如信

封大小,并注明指导老师、班级、学号、姓名。

3.用文字写出自己设计的首饰作品的具体操作步骤和JCAD首饰设计设想方案,打印文字在300字左右,尺寸A4纸,附图背面。

评定标准

编号	鉴定范围	鉴定内容	鉴定比重	得分
1	作品三视图	1. 作品尺寸表达正确	4%	10
		2. 结构层次显示清晰	4%	
		3. 符合首饰工艺性	2%	
2	首饰设计效果图	1. 合理性	5%	15
		2. 美观性	10%	
3	基本操作和编辑	1. 基本操作命令	5%	30
		2. 立体编辑	10%	
		3. 曲面编辑	15%	
4	造型能力	1. 造型优美	20%	45
		2. 造型比例恰当	10%	
		3. 主题突出	10%	
		4. 色彩搭配合理	5%	
	总分			100

思考题

1. 用JCAD设计首饰在什么情况下是不能制作模型的?
2. 运用Photoshop进行首饰图像处理的要点是什么?
3. 应如何提高JCAD首饰设计的效率?
4. 传统手绘设计与先进计算机辅助设计各有什么优势?
5. 你对JCAD首饰设计的运用有何设想和建议?